花境赏析 2019

中国园艺学会球宿根花卉分会　成海钟　主编

中国林业出版社

图书在版编目（CIP）数据

花境赏析. 2019 / 中国园艺学会球宿根花卉分会，成海钟主编. -- 北京：中国林业出版社，2019.9
ISBN 978-7-5219-0190-0

Ⅰ.①花… Ⅱ.①中… ②成… Ⅲ.①园林植物—设计 Ⅳ.①S688

中国版本图书馆CIP数据核字（2019）第155307号

责任编辑：贾麦娥　王　全
电　　话：010-83143562

出版发行　中国林业出版社 (100009 北京市西城区德内大街刘海胡同7号)
　　　　　http://www.forestry.gov.cn/lycb.html
经　　销　新华书店
制　　版　北京时代澄宇科技有限公司
印　　刷　固安县京平诚乾印刷有限公司
版　　次　2019年9月第1版
印　　次　2019年9月第1次印刷
开　　本　889mm × 1194mm　1/16
印　　张　14.5
字　　数　208千字
定　　价　98.00元

中国园艺学会球宿根花卉分会
花境专家委员会

主 任 委 员　成海钟（苏州农业职业技术学院）

副主任委员　夏宜平（浙江大学园林研究所）

　　　　　　董　丽（北京林业大学园林学院）

　　　　　　叶剑秋（上海智友园艺有限公司）

　　　　　　刘坤良（棕榈生态城镇发展股份有限公司）

　　　　　　魏　钰（北京市植物园）

秘 书 长　　魏　钰（北京市植物园）

副 秘 书 长　吴传新（北京中绿园林科学研究院）

　　　　　　朱嘉珍（贵州兴仁县住建局园林站）

　　　　　　黄温翔（杭州凰家庭园造景有限公司）

　　　　　　王　琪（陕西省西安植物园园艺中心）

委　　　员　邓　赞（贵州师范大学地理与环境科学学院）

　　　　　　段志明（郑州贝利得花卉有限公司）

　　　　　　顾顺仙（上海市园林绿化行业协会）

　　　　　　黄建荣（上海上房园艺有限公司）

　　　　　　李寿仁（杭州市园林绿化股份有限公司）

　　　　　　潘华新（深圳芦苇植物造景设计研究中心）

　　　　　　沈驰帆（海宁驰帆花圃）

　　　　　　孙　杰（上海精文绿化艺术发展股份有限公司）

　　　　　　杨秀云（山西农业大学林学院）

　　　　　　于学斌（北京市花木公司）

　　　　　　余昌明（杭州朴树造园有限公司）

　　　　　　余兴卫（社旗县观赏草花木发展有限公司）

　　　　　　虞金龙（上海北斗星景观设计工程有限公司）

　　　　　　岳　桦（东北林业大学园林学院）

　　　　　　周耘峰（合肥植物园）

挂 靠 单 位　北京中绿园林科学研究院（北京市海淀区天秀路10号中国农业大学国际创业园
　　　　　　3B6081，100193）

冷静思考，积极作为

由中国花卉协会球宿根花卉分会主办的中国花境论坛经过 2016 年 11 月北京的第一届、2017 年 11 月郑州的第二届、2018 年 7 月贵阳的第三届，到这次在合肥的第四届，得到了大家的积极响应和大力支持！

其实，我们球宿根花卉分会的主要领域是球宿根植物材料的生产，为什么要组织花境的活动呢？因为市场是生产的龙头！我听说有些地方的多年生花卉比一二年生花卉卖得好，或许就与花境的应用有关。当然，从园艺、园林两方面的对比来看，花境与园艺的关系更大一些。没有多样性的花卉材料，很难建成优美的花境景观。主办中国花境论坛的目的是集思广益、观点交锋，正所谓"头脑风暴"。观点无所谓对错，重点是启迪思想、发人深省。大家从各位专家的报告中，兼收并蓄、自成一家，就会成为"大家"。花境发展的关键是技术，我们今年举办了 6 期花境师职业技能研修班。花境发展的标志是作品，今年举办了第二届中国花境大赛。大家知道，去年第一届中国花境大赛的作品集以《花境赏析 2018》为书名在中国林业出版社出版，编辑期间我看过不少作品；2018 年 9 月 30 日我参加了在北京举办的第八期花境师职业技能研修班结业典礼，看到过学员的实习作品；今年暑假我还看过英国邱园的 Great Broad Walk Borders（大道花境）。从观众的角度来看，去年有的作品确实稚嫩，上次学员的实习作品不比邱园的差多少！今年的花境作品肯定会更上一层楼！

我是做园林植物种质资源和遗传育种的，对花境是外行。外行最关心的是花境的特色。与花坛、花海

等各种植物景观相比，花境的独到之处是什么？花境可以在"万变不离其宗"的前提下发展、变化，但不应该被取代。这是我们在座的"花境人"要深刻思考的问题。本人粗浅地认为，多年生花卉与可持续观赏，是花境的灵魂。换句话说，主要由多年生花卉组成的，可持续观赏的植物景观就是花境。花境的翻译很伟大，从"花缘"拓展到了"花儿一样的环境"，环境就是相对稳定的生态境域。可见，花境一定会在美丽城市、美丽乡村、美丽中国的生态文明建设中发挥越来越大的作用！

中国园艺学会球宿根花卉分会会长
中国农业大学园艺学院教授

2019 年 2 月

目 录

岛状花境

林缘花境

　　林缘花境是指位于树林边缘，以乔木或灌木为背景，以草坪为前景，边缘多为自然曲线的混合花境。在立面高度上成为从高大乔灌木到低矮草坪的一种过渡，丰富了植物的层次感，适合于公园、风景区应用。植物材料选择广泛，以宿根花卉为主，品种丰富，具有自然野趣，展示植物组合的群体美。城市绿地中，林缘花境可以在草坪与树丛的交接处，在绿色（绿化）本底上增添靓丽的色彩；还可以在高大的树丛和低矮的草坪之间形成适宜过渡带。"红花需要绿叶衬"，森林和草坪都是绿色，林缘花境可以使用更多的色彩种类。

与自然共舞

华艺生态园林股份有限公司

专家点评： 作品设计感强烈，景观错落有致。植物生长空间充足，植物的个体美与群体美展示充分。

春季实景

夏季实景

与自然共舞

让世界聆听你的声 我的音

美丽景观 美好生态

这是一个蓝色的地球

生物与非生物共同生存的家园

我们人类的发源地

29% 的陆地 是我们修身养心的依恋

71% 的海洋 是我们生命传承的源泉

随着我们人类的贪婪和无知

地球在渐渐失去昔日的光彩

生命在呼唤 宇宙在呐喊

恢复绿色地被 和谐人与自然

传承创新中华园林艺术

建设人与自然和谐家园

以"与自然共舞"为主题，延续华艺园林尊重自然、崇尚自然的设计手法。以自然为背景，三面弧形镜面＋绿岛（陆地）为主景，绿岛陆地之间用砂砾来表现河流与海洋。"陆地（修身养心的依恋）与"海洋"（生命传承的源泉）间镜面景观，用三种不同元素来隐喻"人与自然"的变化。通过对镜面不锈钢的一系列运用，营造出一个连续的设计语言，犹如一道绿色的城墙，初秋的金色阳光从四面八方反射到镜面里，明快又迷幻，美如画境。从沙漠走向绿洲，如同自然的旋律，与自然共舞。

被破坏的自然——碎片式景观＋黄砂石"沙岛"。

被保护的自然——镜面结合"树桩"＋黄砂石及绿色分隔"绿洲"。

人与自然（人与自然和谐相处）——镜面树桩绿岛＋相应的绿色隆起生长"绿洲"。

色彩斑斓的花境植物的应用，形成了富有节奏、韵律、对比与变化的效果，尤其是一些新优品种的应用，更增加了植物间互相融合的美感，犹如一幅充满野趣的风景画。花境与背景高大翠绿的乔木，灵秀飘逸的花灌木相得益彰，引领生态健康新生活，完美地诠释了"与自然共舞"的艺术境界。

设计阶段图纸

❶ 绿洲——自然的呼唤展示
❷ 海洋
❸ 沙漠
❹ 被破坏的自然——碎片式景观＋黄砂石 "沙岛"
❺ 被保护的自然——镜面结合 "树桩" ＋黄砂石及绿色分隔 "绿洲"
❻ 人与自然（人与自然和谐相处）——镜面树桩绿岛＋相应的绿色隆起生长 "绿洲"
❼ 镜面木桩矮墙
❽ 雨水花园展示
❾ 汀步自然彩绘
❿ 原有乔木
⓫ 增加灌木
⓬ 植物花境

0 5 10 25m

花境植物材料

序号	苗木名称	科	属	拉丁名	花（叶）色	开花（观叶）期	株型	规格（cm）高度	规格（cm）冠幅	单位	数量	密度（株/m²）	株数	备注
1	孔雀草	菊科	万寿菊属	Tagetes patula	黄、金黄、橙色	7~9月	丛生	30~40		m²	11.6	49	568	容器苗
2	木茼蒿	菊科	木茼蒿属	Argyranthemum frutescens	黄、白色	周年开花，盛花期2~4月	丛生	高达100		m²	4.9	9	44	容器苗
3	一串红	唇形科	鼠尾草属	Salvia splendens	红、黄色	6~9月	矮灌木植物	高达90		m²	16.6	36	600	容器苗
4	凹叶景天	景天科	景天属	Sedum emarginatum	黄色	5~6月	匍匐状	10~15		m²	16.8	36	605	容器苗
5	丛生福禄考	花葱科	天蓝绣球属	Phlox subulata	粉、红、紫、蓝色	3~4月	地毯型	10~15		m²	5.4	25	135	容器苗
6	金叶薹草	莎草科	薹草属	Carex 'Evergold'	叶金黄色	四季	常绿丛生	50~60		m²	7.8	20	156	容器苗
7	钓钟柳	玄参科	钓钟柳属	Penstemon campanulatus	红、蓝、紫、粉色	5~6月或7~10月	叶丛莲座状	15~45		m²	12.7	9	115	容器苗
8	矾根	虎耳草科	矾根属	Heuchera micrantha	红色	4~10月	散生型	30~45		m²	13.1	16	210	容器苗
9	'红星'美蕉	百合科	朱蕉属	Cordyline fruticosa 'Red Star'	叶红褐色	四季	直立披散型	50~100		m²	6.9	4	28	容器苗
10	矮牵牛	茄科	碧冬茄属	Petunia hybrida	粉、紫、红色	4~12月	丛生和匍匐类型	20~45		m²	11.4	49	559	容器苗
11	墨西哥鼠尾草	唇形科	鼠尾草属	Salvia leucantha	紫红色	10~11月	直立型	40~60		m²	9.6	49	471	容器苗
12	银叶菊	菊科	千里光属	Senecio cineraria	花紫红色	6~9月	散生型	50~60		m²	8.6	9	78	容器苗
13	绿叶薄荷	唇形科	薄荷属	Mentha haplocalyx	白色，具香气	7~9月	直立型	30~40		m²	10.9	16	174	容器苗
14	'小兔子'狼尾草	禾本科	狼尾草属	Pennisetum alopecuroides 'Little Bunny'	黄、白色	7~11月	直立疏散型	30~120		m²	7.1	9	64	容器苗
15	细叶芒草	禾本科	芒属	Miscanthus sinensis cv.	白色	9~10月	直立疏散型	80~110		m²	9.5	9	86	容器苗
16	太阳花	马齿苋科	马齿苋属	Portulaca grandiflora	大红、深红、紫红、黄、深黄色	5~11月	匍匐类型	10~15		m²	11.4	49	560	容器苗
17	'银霜'女贞	木犀科	女贞属	Ligustrum japonicum 'Jack Frost'	白色	5~6月	开张型	60~80	20~30	m²	8.2	16	130	容器苗
18	美女樱	马鞭草科	马鞭草属	Verbena hybrida	粉、红、复色	5~11月	矮生匍匐型	10~30		m²	14.3	36	515	容器苗
19	'彩叶'络石	夹竹桃科	络石属	Trachelospermum jasminoides 'Flame'	红、粉红、纯白叶与斑叶和绿叶组成的色彩群	四季	常绿木质藤本	20~60		m²	8.5	49	415	容器苗
20	黄金菊	菊科	梳黄菊属	Euryops pectinatus	黄色	4~11月	丛生	40~50		m²	10.9	16	175	容器苗
21	四季海棠	秋海棠科	秋海棠属	Begonia semperflorens	红、粉红、紫、黄色	10月至翌年4月	匍匐型	15~30		m²	12.5	36	450	容器苗

（续）

序号	苗木名称	科	属	拉丁名	花（叶）色	开花（观叶）期	株型	规格（cm）高度	规格（cm）冠幅	单位	数量	密度（株/m²）	株数	备注
22	花叶芦竹	禾本科	芦竹属	Arundo donax var. versicolor	白色	9~10月	直立疏散型	150~200		m²	18.3	4	73	容器苗
23	日本麦冬	百合科	麦冬属	Ophiopogon cv.	叶墨绿色	常绿	矮生型	5~10		m²	4.8	81	390	容器苗
24	黄金香柳	桃金娘科	桃金娘属	Melaleuca bracteata	叶金黄色	常绿	圆型	40~50		m²	8.6	9	77	容器苗
25	翠菊	菊科	翠菊属	Callistephus chinensis	蓝、黄或淡蓝紫色	5~10月	直立型	15~100		m²	11.1	25	278	容器苗
26	粉黛乱子草	禾本科	乱子草属	Muhlenbergia hugelii	灰绿色、紫色	7~9月	直立疏散型	70~90		m²	1	16	16	容器苗
27	'金边'阔叶麦冬	百合科	山麦冬属	Liriope muscari 'Variegata'	红紫色	8~9月	丛生	30		m²	7.9	36	285	容器苗
28	金叶石菖蒲	天南星科	菖蒲属	Acorus gramineus 'Ogan'	绿色	4~5月	丛生	30~40		m²	12	16	192	容器苗
29	荷兰菊	菊科	紫菀属	Aster novi-belgii	蓝、紫、玫红色	8~10月	直立丛生	50~100		m²	8.2	36	295	容器苗
30	'矮'蒲苇	禾本科	蒲苇属	Cortaderia selloana 'Pumila'	银白色	9~10月	直立丛生型	120		m²	17.7	4	70	容器苗
31	常绿水生鸢尾	鸢尾科	鸢尾属	Iris hexagonus	紫红色、深蓝色	5~6月	直立丛生	20~25		m²	4.9	25	123	容器苗
32	三色堇	堇菜科	堇菜属	Viola tricolor	紫、黄色	11月至翌年3月	丛生型	10~40		m²	11.9	81	964	容器苗
33	水果蓝	唇形科	香科科属	Teucrium fruticans	叶银灰色	常绿	灌木松散型	40~50		m²	9.7	9	87	容器苗
35	花叶玉簪	百合科	玉簪属	Hosta undulata	蓝紫色	7月下旬至8月中旬	丛生	20~40	20~30	m²	13.2	25	330	容器苗
36	'花叶'玉蝉花	鸢尾科	鸢尾属	Iris ensata 'Variegata'	深紫、蓝色	4~5月	直立丛生	50~80		m²	4.7	30	141	容器苗
37	'矮生'粉花美人蕉	美人蕉科	美人蕉属	Canna glauca	红、粉红色	7~10月	丛生			m²	6.7	9	60	容器苗
38	矮生紫薇	千屈菜科	紫薇属	Lagerstroemia indica 'Summer'	紫、粉红色	6~9月	矮生开展型	50		m²	5.9	25	148	容器苗
39	翠芦莉	爵床科	芦莉草属	Ruellia brittoniana	蓝、紫色	3~10月	直立散生型	50		m²	8.1	36	292	容器苗
40	大叶栀子花球	茜草科	栀子属	Gardenia jasminoides var. grandiflora	白色	4~6月	球型	120	130	株	7		7	光球、亮脚<20cm
41	金叶大花六道木球	忍冬科	六道木属	Abelia biflora	粉白色	5~10月	弯垂型	100	120	株	11		11	光球、亮脚<20cm
42	红枫	槭树科	槭属	Acer palmatum 'Atropurpureum'	叶红色	3~10月（观叶）	伞型	250~300	200~250	株	1		1	全冠苗、树形优美
43	鸡爪槭	槭树科	槭属	Acer palmatum	叶绿色，秋季变红色	3~10月（观叶）	伞型	200~250	200~250	株	1		1	全冠苗、树形优美
44	果岭草									m²	13		13	

花境植物材料

11月中下旬苗木更换计划表

序号	原品种	更换的苗木				花(叶)色	开花(观叶)期	株型	规格(cm)		单位	数量	密度(株/m²)	株数	备注
		品种名称	科	属	拉丁名				高度	冠幅					
1	孔雀草、荷兰菊	金盏菊	菊科	金盏花属	Calendula officinalis	金黄或橘黄色,筒状花,黄色或褐色	2~5月	矮生型	30~50	10~15	m²	20	49	980	容器苗
2	翠菊、太阳花、美女樱	羽衣甘蓝	十字花科	芸薹属	Brassica oleracea var. acephala f. tricolor	紫红、灰绿、蓝、黄色	1~3月	矮生型	10~15	10~15	m²	36.8	49	1800	容器苗
3	矮牵牛	角堇	堇菜科	堇菜属	Viola cornuta	红、白、黄、紫、蓝色	12月至翌年4月	丛生型	20~30	15~20	m²	11.4	49	560	容器苗
4	一串红、黄金菊	二月蓝	十字花科	诸葛菜属	Orychophragmus violaceus	紫色、浅红色或褪成白色	4~5月	直立散生型	30~50		m²	27.5	36	990	5~10芽/丛,容器苗

4月中下旬苗木更换计划表

序号	原品种	更换的苗木				花(叶)色	开花(观叶)期	株型	规格(cm)		单位	数量	密度(株/m²)	株数	备注
		品种名称	科	属	拉丁名				高度	冠幅					
1	角堇	矮牵牛	茄科	碧冬茄属	Petunia hybrida	粉、紫、红色	4~12月	丛生和匍匐类型	20~45		m²	11.4	49	559	容器苗
2		太阳花	马齿苋科	马齿苋属	Portulaca grandiflora	大红、深红、紫红、淡黄、深黄色	5~11月	匍匐类型	10~15		m²	11.4	49	560	容器苗
3	羽衣甘蓝	美女樱	马鞭草科	马鞭草属	Verbena hybrida	粉、红、复色	5~11月	矮生匍匐型	10~30		m²	14.3	36	515	容器苗
4		翠菊	菊科	翠菊属	Callistephus chinensis	蓝、黄或淡浅紫紫色	5~10月	直立型	15~100		m²	11.1	25	278	容器苗
5		黄金菊	菊科	梳黄菊属	Euryops pectinatus	黄色	4~11月	丛生	40~50		m²	10.9	16	175	容器苗
6	二月蓝	'桑蓓斯'凤仙花	凤仙花科	凤仙花属	Impatiens 'Sunpatiens'	橙、紫红、淡粉色	5~11月(霜降以前)	丛生	60		m²	16.6	30	498	容器苗
7	金盏菊	重瓣金鸡菊	菊科	金鸡菊属	Coreopsis lanceolata	金黄色	5~10月	直立丛生	25~45		m²	11.6	16	189	容器苗
8		荷兰菊	菊科	紫菀属	Aster novi-belgii	蓝、紫、玫红色	8~10月	直立丛生	50~100		m²	8.2	36	295	容器苗

美丽合肥　多彩花境

合肥市香荷园林工程有限责任公司

专家点评：植物组团体量较合适，景观季相区别明显，多数植物生长良好。

春季实景

美丽合肥　多彩花境

姹紫嫣红、各式各样的鲜花，绽放在苍翠欲滴的草地上，周围的白石子如小溪环绕，鲜花、鸟鸣、叮咚的小溪和过往的人群交相辉映，合奏出了一首动人的交响曲，展现出一幅生机勃勃、繁花似锦、溢彩流韵的包河景象。

在植物的选择上，主要以耐寒的多年生宿根草本地被石竹搭配矾根、美丽月见草、八仙花作为花境的边缘植物，并以砾石代水，构成丰富的空间意境。此外，局部配以落叶小乔木鸡爪槭，常绿小乔木造型日本五针松和修剪成球形的花灌木，以体现植物的自然美和群体美。

植物以自然斑状的形式混合种植于组团中，注重搭配的层次变化，在空间、色彩和季相上达到自然和谐的形式。

夏季实景

秋季实景

花境植物材料

序号	名称	树木规格 高度（cm）（修剪后）	胸径（cm）	蓬径（cm）（修剪后）	备注	科	属	拉丁名	开花期及持续时间	植物更换计划
1	紫鸭跖草	31~35		26~30		鸭跖草科	鸭跖草属	*Commelina purpurea*	6-12月	
2	墨西哥鼠尾草	56~75		26~30		唇形科	鼠尾草属	*Salvia leucantha*	10~12月	
3	德国鸢尾	36~40		26~30		鸢尾科	鸢尾属	*Iris germanica*	4~5月	
4	黄金菊	46~50		26~30		菊科	梳黄菊属	*Euryops pectinatus*	9~11月	
5	四季海棠	31~35		21~25		秋海棠科	秋海棠属	*Begonia semperflorens*	4~12月	
6	'紫叶'狼尾草	31~40		16~25		禾本科	狼尾草属	*Pennisetum alopecuroides* 'Purple'		
7	火炬花	51~60		21~25		百合科	火把莲属	*Kniphofia uvaria*	6~10月	
8	八仙花	41~45		36~40		虎耳草科	绣球属	*Hydrangea macrophylla*	6~8月	
9	美丽月见草	26~30		26~30		柳叶菜科	月见草属	*Oenothera speciosa*	4~11月	
10	重瓣金鸡菊	26~35		26~30		菊科	金鸡菊属	*Coreopsis drummondii*	7~10月	
11	紫娇花	21~25		21~25		石蒜科	紫娇花属	*Tulbaghia violacea*	5~7月	
12	蓝羊茅	36~40		31~35		禾本科	羊茅属	*Festuca glauca*	5月	
13	'花叶'络石	60（藤长）				夹竹桃科	络石属	*Trachelospermum jasminoides* 'Flame'	5~6月	
14	金边麦冬	16~20		11~15		百合科	山麦冬属	*Liriope spicata var. variegata*	9~10月	
15	美女樱	36~40		21~25		马鞭草科	马鞭草属	*Verbena hybrida*	5~11月	
16	八宝景天	36~40		21~25		景天科	八宝属	*Hylotelephium erythrostictum*	7~10月	
17	花叶玉簪	26~30		26~30		百合科	玉簪属	*Hosta* 'Undulata'	4~6月	
18	柳叶马鞭草	35~45		26~30		马鞭草科	马鞭草属	*Verbena bonariensis*	5~10月	
19	钓钟柳	41~45		21~25		玄参科	钓钟柳属	*Penstemon campanulatus*	5~10月	
20	粉黛乱子草	56~75		26~30		禾本科	乱子草属	*Muhlenbergia capillaris*	10~11月中旬	

序号	名称	树木规格			备注	科	属	拉丁名	开花期及持续时间	植物更换计划
		高度（cm）（修剪后）	胸径（cm）	蓬径（cm）（修剪后）						
21	虎皮美人蕉	46~50		26~30		美人蕉科	美人蕉属	*Canna indica*	3~12月	
22	水果蓝	46~50		26~30		唇形科	香科科属	*Teucrium fruticans*	4~5月	
23	红千层	80~90		50~60		桃金娘科	红千层属	*Callistemon rigidus*	4~5月	
24	彩叶杞柳	100~120		70~80		杨柳科	柳属	*Salix integra* 'Hakuro Nishiki'		
25	六道木	56~75		60~80		忍冬科	六道木属	*Abelia biflora*	5~11月	
26	大花萱草	75~85		35~40		百合科	萱草属	*Hemerocallis middendorfii*	5~7月	
27	'火焰'南天竹	35~45		40~50		小檗科	南天竹属	*Nandina domestica*		
28	绣线菊	35~45		35~45		蔷薇科	绣线菊属	*Spiraea salicifolia*	5~10月	
29	造型日本五针松	200~240	D12	180~220		松科	松属	*Pinus parviflora*		
30	造型鸡爪槭	160~200	D5	180~220		槭树科	槭属	*Acer palmatum*		
31	毛鹃球	90~110		80~100		杜鹃花科	杜鹃属	*Rhododendron pulchrum*	4~5月	
32	矮蒲苇	150~180		50~60		禾本科	蒲苇属	*Cortaderia selloana*	9~10月	
33	茶花球	90~110		80~100		山茶科	山茶属	*Camellia japonica*	10月至翌年5月	
34	孔雀草	36~40		21~25		菊科	万寿菊属	*Tagetes patula*	3~6月	4月份种植
35	迷迭香	40~50		40~50		唇形科	迷迭香属	*Rosmarinus officinalis*		4月份种植
36	银叶菊	26~30		26~30		菊科	千里光属	*Senecio cineraia*	4~6月	4月份种植
37	地被石竹	16~20		16~20		石竹科	石竹属	*Dianthus plumarius*	11月至翌年4月	10月份种植
38	矾根	21~25		16~20		虎耳草科	矾根属	*Heuchera micrantha*	4~5月	10月份种植
39	矮牵牛	26~30		16~20		茄科	碧冬茄属	*Petunia hybrida*	11月至翌年4月	10月份种植
40	三色堇	16~20		16~20		堇菜科	堇菜属	*Viola tricolor*	12月至翌年4月	12月份种植
41	草皮									

多彩包河，茗香绽放

合肥市香荷园林工程有限责任公司

春季实景

专家点评： 春季高耸的毛地黄、夏季蓝色的绣球、秋季猩红的彩叶草，构成了鲜明的季相变化。宿根花卉与背景乔木和石头配置和谐，互为烘托。

林缘花境

25

多彩包河，茗香绽放

巧妙地利用原有植物及景石进行植物配置，打造风格独具的混合类花境。因势利导将绣球、彩叶杞柳、矾根等 50 余种花色丰富的品种点缀在绿植与景石中，营造出"青翠中溢出婉转、娇艳里透着苍劲"的迷人景色。同时确保月月有花开，季季有花香，体现出"多彩包河，茗香绽放"的主题。

夏季实景

秋季实景

包河大道与繁华大道东北侧花境竣工图

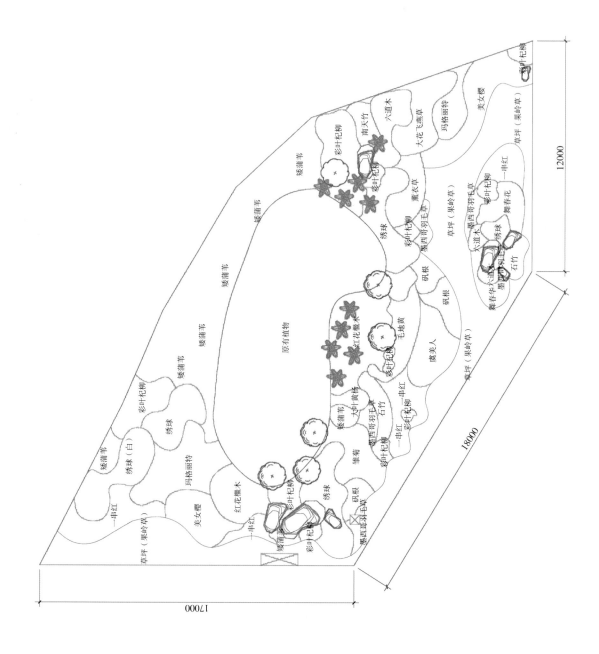

花境植物材料

序号	项目名称	规格 冠幅（cm）	规格 高度（cm）	科	属	拉丁名	开花期及持续时间	植物更换计划
1	六道木	80~100	80~90	忍冬科	六道木属	*Abelia biflora*	5~9月	
2	彩叶杞柳	130~150	130~150	杨柳科	柳属	*Salix integra* 'Hakuro Nishiki'		
3	矮蒲苇	50~60	150~180	禾本科	蒲苇属	*Cortaderia selloana*	9~10月	
4	美人蕉	110~120	180~200	美人蕉科	美人蕉属	*Canna indica*	3~12月	
5	'无尽夏'绣球（白色）	100~120	100~120	虎耳草科	绣球属	*Hydrangea macrophylla*	6~9月	
6	'无尽夏'绣球（蓝色）	100~120	100~120					
7	绣球（小）	80~100	70~80					
8	栀子花（大）	50~55	50~70	茜草科	栀子属	*Gardenia jasminoides*	5~7月	
9	栀子花（小）	45~50	40~50					
10	细叶美女樱（红）	20~25	25~30	马鞭草科	马鞭草属	*Verbena tenera*	4~10月	
11	细叶美女樱（紫）	20~25	25~30					
12	金边吊兰	20~25	15~20	百合科	吊兰属	*Chlorophytum comosum* f. *variegata*		
13	红花檵木	10~12	70~80	金缕梅科	檵木属	*Loropetalum chinense* var. *rubrum*	4~5月	
14	薰衣草	10~15	15~30	唇形科	薰衣草属	*Lavandula angustifolia*	6~9月	
15	黄金菊	20~25	15~20	菊科	梳黄菊属	*Euryops pectinatus*	夏季	
16	墨西哥羽毛草	8~10	30~35	禾本科	针茅属	*Nassella tenuissima*		
17	矾根（嫩绿）	25~30	30~50	虎耳草科	矾根属	*Heuchera micrantha*	10月至翌年6月	
18	矾根（绿）	25~30	30~50					
19	矾根（绿红）	25~30	30~50					
20	银叶菊	26~30	26~30	菊科	千里光属	*Senecio cineraia*	4~6月	
21	南天竹	35~45	40~50	小檗科	南天竹属	*Nandina domestica*		
22	舞春花（三色）	20~25	15~20	茄科	碧冬茄属	*Calibrchoa* 'Million Bells'	春	3月份种植
23	紫罗兰	8~10	20~30	十字花科	紫罗兰属	*Matthiola incana*	4~5月	3月份种植
24	一串红	16~20	16~20	唇形科	鼠尾草属	*Salvia splendens*	3~11月	3月份种植
25	满天星	20~25	15~20	石竹科	石头花属	*Gypsophila paniculata*	6~8月	3月份种植
26	大花飞燕草	20~25	60~80	毛茛科	翠雀属	*Delphinium grandiflorum*	5~10月	3月份种植
27	毛地黄	20~25	70~90	玄参科	毛地黄属	*Digitalis purpurea*		3月份种植
28	三角梅（红色）	40~45	60~90	紫茉莉科	叶子花属	*Bougainvillea glabra*	5~11月	3月份种植
29	三角梅（紫色）	40~45	60~80					3月份种植
30	玛格丽特	15~20	20~25	菊科	木茼蒿属	*Argyranthemum frutescens*	2~10月	3月份种植
31	雏菊（白）	20~25	25~30	菊科	雏菊属	*Bellis perennis*	3~11月	3月份种植
32	虞美人	8~10	30~40	罂粟科	罂粟属	*Papaver rhoeas*	3~8月	3月份种植
33	果岭草			禾本科	狗牙根属	*Cynodon dactylon*	3~6月	4月份种植
34	孔雀草	36~40	21~25	菊科	万寿菊属	*Tagetes patula*	3~6月	4月份种植
35	地被石竹	16~20	16~20	石竹科	石竹属	*Dianthus plumarius*	11月至翌年4月	10月份种植
36	矮牵牛	26~30	16~20	茄科	碧冬茄属	*Petunia hybrida*	11月至翌年4月	10月份种植
37	三色堇	16~20	16~20	堇菜科	堇菜属	*Viola tricolor*	12月至翌年4月	12月份种植

路缘花境

　　路缘花境通常设置在道路一侧或两侧，具有一定的背景，多为单面观赏花境。适合于公园游路两侧、公共道路旁边等，供行人观赏。植物材料可根据环境及地形选择，多以宿根花卉为主，适当配以小灌木、一二年生草花等，一般具有较好的景观效果。所谓前高后低（与道路垂直的方向）、高低错落（与道路平行的方向），对路缘花境的要求更高。路缘花境可以对道路形成很好的界定和装饰，使路人流连忘返。

乡愁新韵

北京市植物园

春季实景

乡愁新韵

　　在花境蓬勃发展的今天，大量从国外引进的花卉品种被广泛应用，我国原产的野生花卉则乏人问津。为增加公众对乡土植物资源开发与创新的认识，此花境选择来自山间的野生花卉作为基调，描绘着我们童年记忆中的乡愁味道。以野生花卉为亲本培育的新优品种和少量引种自国外的观赏性强的适生植物点缀其间，赋予花境新的韵律。

夏季实景

秋季实景

专家点评：春、夏、秋三季景观意向描述生动，植物种类与季相特点吻合。乡土植物和新优植物应用恰当，效果明显。花境与所在环境和谐。

设计阶段图纸

乡愁新韵

——野花野草绘乡愁，继往开来谱新韵

2018年第二届中国花境竞赛北京植物园参赛作品

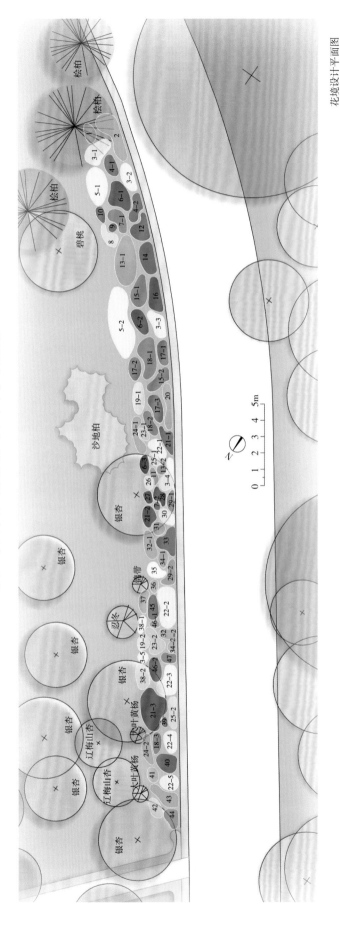

花境设计平面图

1.大叶铁线莲	2.玉簪	3.水杨梅
4.烟管蓟	5.串叶松香草	6.藿香
7.鸢尾	8.'花叶'芒	9.轮叶沙参
10.千屈菜	11.'蓝月亮'荆芥	12.血红老鹳草
13.木本香薷	14.'达尔文之蓝'婆婆纳	15.'红辣椒'千叶蓍
16.百里香	17.'梅萨水蜜桃'宿根天人菊	18.丹参
19.赛菊芋	20.'蓝色忧伤'荆芥	21.华北耧斗菜
22.萱草	23.翻白草	24.芒
25.金莲花	26.大花萱草	27.北乌头
28.须苞石竹	29.'面包师'厚叶福禄考	30.毛蕨
31.野罂粟	32.东北蒲公英	33.报春花
34.小黄花菜	35.耧斗菜	36.八宝景天
37.紫斑风铃草	38.柳叶白菀	39.林地老鹳草
40.'金山'绣线菊	41.落新妇	42.'冰酒'玉簪
43.画眉草	44.'加拿大蓝'玉簪	45.'罗伯特'玉簪
46.宿根福禄考	47.杂种耧斗菜	

花境植物材料

1. 花境植物配置表（2018 年 4 月）

序号	名称	科	属	拉丁名	花色/叶色	花期/观赏期	面积（m²）	密度（株/m²）	数量（株）	产地
1	大叶铁线莲	毛茛科	铁线莲属	Clematis heracleifolia	蓝紫色	8~9月	0.7	9	6	原产中国，日本，朝鲜也有分布
2	玉簪	百合科	玉簪属	Hosta sp.	淡紫色	8~10月	2.7	16	43	园艺品种
3	水杨梅（路边青）	蔷薇科	路边青属	Geum aleppicum	黄色	7~10月	5.4	16	86	广布北半球温带及暖温带
4	烟管蓟	菊科	蓟属	Cirsium pendulum	紫色或红色	6~9月	1.9	9	17	我国东北、华北、西北，俄罗斯远东，朝鲜，日本
5	串叶松香草	菊科	松香草属	Silphium perfoliatum	黄色	6~8月	7.6	5	38	原产北美
6	藿香	唇形科	藿香属	Agastache rugosa	淡紫蓝色	6~9月	3.9	16	62	我国各地广泛分布，俄罗斯，日本，朝鲜，日本及北美洲也有分布
7	鸢尾	鸢尾科	鸢尾属	Iris sp.	蓝紫色	4~5月	1.4	25	35	园艺品种
8	'花叶'芒	禾本科	芒属	Miscanthus sinensis 'Variegatus'	叶绿色有银边	4~11月	0.8	4	3	园艺品种
9	轮叶沙参	桔梗科	沙参属	Adenophora tetraphylla	蓝紫色	7~9月	0.3	16	5	产我国东北部、华北、华东、华南、西南，朝鲜，日本，俄罗斯东西伯利亚和远东地区的南部也有
10	千屈菜	千屈菜科	千屈菜属	Lythrum salicaria	玫红色	6~7月	0.5	9	5	分布于亚洲、欧洲、非洲的阿尔及利亚及利亚、北美和澳大利亚东南部
11	'蓝月亮'荆芥	唇形科	荆芥属	Nepeta nervosa 'Blue Moon'	淡蓝紫色	7~8月	0.4	36	14	园艺品种
12	血红老鹳草	牻牛儿苗科	老鹳草属	Geranium sanguineum	花玫红色，秋叶鲜红色	5~8月	1.5	36	54	原产欧洲及亚洲温带
13	木本香薷	唇形科	香薷属	Elsholtzia stauntoni	紫色	7~10月	3.9	3	12	产我国河北、山西、河南、陕西、甘肃
14	'达尔文之蓝'婆婆纳	玄参科	婆婆纳属	Veronica 'Darwin's Blue'	蓝紫色	5~7月	1.7	25	43	园艺品种
15	'红辣椒'千叶蓍	菊科	蓍属	Achillea millefolium 'Paprika'	红色	6~9月	2.9	25	73	园艺品种
16	百里香	唇形科	百里香属	Thymus mongolicus	紫红色	7~8月	1.6	36	58	我国甘肃、陕西、山西、青海、河北、内蒙古
17	'梅萨水蜜桃'宿根天人菊	菊科	天人菊属	Gaillardia aristata 'Mesa Peach'	桃红色	6~11月	3.2	16	51	原产北美西部

路缘花境

35

（续）

序号	名称	科	属	拉丁名	花色/叶色	花期/观赏期	面积（m²）	密度（株/m²）	数量（株）	产地
18	丹参	唇形科	鼠尾草属	*Salvia miltiorrhiza*	紫蓝色	4~8月	3.9	16	62	我国华北、华东、华中，日本也有分布
19	赛菊芋	菊科	赛菊芋属	*Heliopsis helianthoides*	黄色	6~9月	1.9	9	17	原产北美中东部地区
20	'蓝色忧伤'荆芥	唇形科	荆芥属	*Nepeta* 'Walker's Low'	蓝紫色	5~7月	1.3	25	33	园艺品种
21	华北楼斗菜	毛茛科	楼斗菜属	*Aquilegia yabeana*	紫色	5~6月	5.3	25	133	我国四川、陕西、河南、山西、山东、河北、辽宁
22	萱草	百合科	萱草属	*Hemerocallis* sp.	黄、橙、红色	5~7月	7.2	16	115	园艺品种
23	翻白草	蔷薇科	委陵菜属	*Potentilla discolor*	花黄色，叶背银白色	5~9月	1.7	16	27	产我国东北、华北、华东、华中、华南、日本、朝鲜也有分布
24	芒	禾本科	芒属	*Miscanthus sinensis*	黄褐色	9~12月	2.1	4	8	产我国华东、华中、华南、西南等地
25	金莲花	毛茛科	金莲花属	*Trollius chinensis*	金黄色	6~7月	1.5	25	38	我国山西、河南、河北、内蒙古、辽宁、吉林
26	大花萱草	百合科	萱草属	*Hemerocallis middendorffii*	黄色	6~10月	0.4	16	6	产我国黑龙江、吉林、辽宁
27	北乌头	毛茛科	乌头属	*Aconitum kusnezoffii*	蓝色	7~9月	0.4	12	5	我国山西、河北、内蒙古、辽宁、吉林和黑龙江、朝鲜、俄罗斯也有
28	须苞石竹	石竹科	石竹属	*Dianthus barbatus*	粉色	5~10月	0.7	25	18	园艺品种
29	'面包师'厚叶福禄考	花荵科	天蓝绣球属	*Phlox carolina* 'Bill Baker'	玫红色	5~6月	1.6	25	40	园艺品种
30	毛茛	毛茛科	毛茛属	*Ranunculus japonicus*	黄色	4~9月	0.7	25	18	除西藏外，在我国各地广布，朝鲜、日本、俄罗斯远东地区也有
31	野罂粟	罂粟科	罂粟属	*Papaver nudicaule*	淡黄、黄、橙红色	5~9月	0.6	36	22	我国华北、东北、西北、两半球的北极区及中亚和北美等地
32	东北蒲公英	菊科	蒲公英属	*Taraxacum ohwianum*	黄色	4~6月	1.9	25	48	我国东北及朝鲜、俄罗斯远东地区
33	报春花	报春花科	报春花属	*Primula malacoides*	粉红色	2~5月	1.5	25	38	我国云南、贵州和广西西部（隆林）
34	小黄花菜	百合科	萱草属	*Hemerocallis minor*	黄色	5~9月	1	25	25	我国东北、华北、西北及俄罗斯
35	楼斗菜	毛茛科	楼斗菜属	*Aquilegia viridiflora*	黄绿色	5~7月	0.9	36	32	我国西北、华北、东北及俄罗斯远东地区
36	八宝景天	景天科	八宝属	*Hylotelephium erythrostictum*	粉色	8~10月	0.4	25	10	原产中国、日本、朝鲜、俄罗斯

序号	名称	科	属	拉丁名	花色叶色	花期/观赏期	面积（m²）	密度（株/m²）	数量（株）	产地
37	紫斑风铃草	桔梗科	风铃草属	Campanula punctata	白色带紫斑	6~9月	0.7	25	18	我国各地广泛分布，朝鲜、日本和俄罗斯远东地区也有分布
38	柳叶白菀	菊科	马兰属	Kalimeris pinnatifida 'Hortensis'	白色	10~11月	1.7	25	43	园艺品种
39	林地老鹳草	牻牛儿苗科	老鹳草属	Geranium sylvaticum	淡紫色至天蓝色	5~8月	0.3	16	5	原产欧洲
40	'金山'绣线菊	蔷薇科	绣线菊属	Spiraea japonica 'Gold Mound'	浅粉红色	6~8月	1.4	5	7	园艺品种
41	落新妇	虎耳草科	落新妇属	Astilbe chinensis	浅粉红色	6~9月	0.6	16	10	我国各地，俄罗斯、朝鲜和日本
42	'冰酒'玉簪	百合科	玉簪属	Hosta 'Frozen Margarita'	金叶白边，花淡紫色	8~10月	0.8	16	13	园艺品种
43	画眉草	禾本科	画眉草属	Eragrostis pilosa	银白色	8~11月	1.5	16	24	分布全世界温暖地区
44	'加拿大蓝'玉簪	百合科	玉簪属	Hosta 'Canadian Blue'	叶蓝绿色	8~10月	0.9	25	23	园艺品种
45	'罗伯特'千屈菜	千屈菜科	千屈菜属	Lythrum salicaria 'Robert'	玫红色	6~7月	1	16	16	园艺品种
46	宿根福禄考	花葱科	天蓝绣球属	Phlox paniculata	玫红色	6~9月	1.3	25	33	园艺品种
47	杂种楼斗菜	毛茛科	楼斗菜属	Aquilegia hybrida	暗紫色	5~7月	0.6	36	22	园艺品种

2. 花境植物更换计划表（2018年6月）

序号	名称	科	属	拉丁名	花色叶色	花期/观赏期	面积（m²）	密度（株/m²）	数量（株）	产地
48	'中心舞台'金鸡菊	菊科	金鸡菊属	Coreopsis 'Center Stage'	红色	5~8月	0.7	16	11	园艺品种
49	山韭	百合科	葱属	Allium senescens	粉色	6~7月	0.5	25	13	产我国东北、华北、西北、欧洲经俄罗斯中亚到西伯利亚也有分布
50	东北玉簪	百合科	玉簪属	Hosta ensata	紫色	8~9月	0.9	16	14	产我国吉林南部和辽宁南部，也分布于朝鲜和俄罗斯
51	美丽飞蓬	菊科	飞蓬属	Erigeron speciosus	粉色	5~6月	0.7	16	11	原产北美

栖凤花语

山西省太原市龙潭公园

春季实景

专家点评：设计方案规范，资料完整。植物栽植密度合适，个体生长良好。春、夏、秋三季主色调突出，整体景观和谐。

栖凤花语

龙潭公园设计的花境名为"栖凤花语"，因花境对岸有太原市龙潭公园内的"栖凤湖"景点而得名，路缘花境与栖凤湖遥遥相对，仿佛对栖凤湖、湖中小鱼和野鸭诉说着自己每个季节的故事，花境以棕色陶瓷罐子流出的一条以鹅卵石铺成的细条小溪为主线，隐隐约约贯穿整个花境，使得路缘长达40m的花境在变化中形成了统一。在故事的溪流中，每朵花儿在季节中变化着，向人们展示着自己不同季节的个体美，同时群花也交织着向人们诉说在栖凤湖旁美丽绽放的故事。

夏季实景

秋季实景

设计阶段图纸

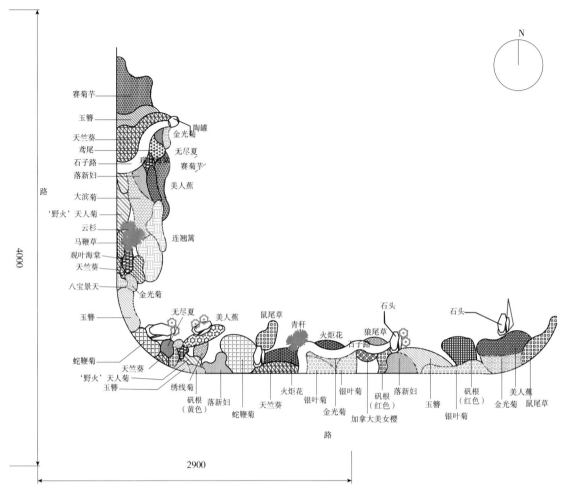

编号	图例	植物名称	规格		数量	编号	图例	植物名称	规格		数量
			高度（m）	径（cm）					高度（m）	径（cm）	
1		加拿大美女樱			2m²	13		无尽夏			2m²
2		矾根（红色）			5m²	14		金光菊			9m²
3		矾根（黄色）			1m²	15		观叶海棠			4m²
4		八宝景天			1m²	16		大滨菊			7m²
5		落新妇			9m²	17		狼尾草			1m²
6		'野火'天人菊			7m²	18		火炬花			5m²
7		鸢尾			2m²	19		玉簪			15m²
8		马鞭草			4m²	20		蛇鞭菊			7m²
9		天竺葵			4m²	21		连翘篱			11m²
10		银叶菊			10m²	22		赛菊芋			24m²
11		鼠尾草			11m²	23		绣线菊			2m²
12		美人蕉			13m²	24		造型油松			6株

花境植物材料

中文名	科属	拉丁名	株高（cm）	花期	花色	密度（株/m²）	面积（m²）	数量（株）
银叶菊	菊科千里光属	*Senecio cineraria*	10~20	6~9月	黄色	36	5	180
鼠尾草	唇形科鼠尾草属	*Salvia farinacea*	30~40	6~9月	蓝色	36	10	360
美人蕉	美人蕉科美人蕉属	*Canna indica*	50~80	6~10月	黄色	9	12	108
'无尽夏'绣球	虎耳草科绣球属	*Hydrangea macrophylla* 'Endless summer'	30~50	6~9月	蓝、粉、紫色	3	4	12
金光菊	菊科金光菊属	*Rudbeckia laciniata*	50~80	7~10月	黄色	25	10	250
观叶海棠	秋海棠科秋海棠属	*Begonia cathayana*	20~30	4~9月	粉、红色	4	8	32
大滨菊	菊科滨菊属	*Leucanthemum maximum*	50~80	6~7月	白色	25	10	250
东方狼尾草	禾本科狼尾草属	*Pennisetum orientale*	80~100	6~10月	淡绿色	4	8	32
火炬花	百合科火把莲属	*Kniphofia uvaria*	80~120	6~10月	黄、橘红色	5	10	50
鸢尾	鸢尾科鸢尾属	*Iris tectorum*	20~40	4~6月	蓝、白色	20	9	180
法兰西玉簪	百合科玉簪属	*Hosta plantaginea*	10~20	8~10月	白色	7	15	105
加拿大美女樱	马鞭草科马鞭草属	*Verbena hybrida*	20~25	4~9月	紫、粉色	25	10	250
矾根（红色）	虎耳草科矾根属	*Heuchera micrantha*	10~15	4~10月	红色	25	9	225
矾根（黄色）	虎耳草科矾根属	*Heuchera micrantha*	10~15	4~10月	黄色	25	9	225
落新妇	虎耳草科落新妇属	*Astilbe chinensis*	50~100	6~9月	淡紫、紫红色	25	10	250
'野火'天人菊	菊科天人菊属	*Gaillardia oulchella*	20~60	6~8月	黄色	30	10	300
'秋之喜悦'八宝景天	景天科八宝属	*Hylotelephium erythrostictum*	20~30	7~10月	红色	30	9	270
西伯利亚鸢尾	鸢尾科鸢尾属	*Iris sibirica*	40~60	4~5月	蓝紫色	36	8	288
马鞭草	马鞭草科马鞭草属	*Verbena officinalis*	30~120	6~8月	蓝紫色	50	10	500
天竺葵	牻牛儿苗科天竺葵属	*Pelargonium hortorum*	30~60	5~7月	红、粉色	36	11	396
蛇鞭菊	菊科蛇鞭菊属	*Liatris spicata*	60~80	7~8月	紫色	40	10	400
金叶女贞球	木犀科女贞属	*Ligustrum vicaryi*	50~100	8~9月	白色	1	3	3

植物更换计划表

中文名	科属	拉丁名	株高（cm）	花期	花色	密度（株/m²）	面积（m²）	数量（株）
超级凤仙	凤仙花科凤仙花属	*Impatiens balsamina* cv.	50~60	7~10月	粉、红、紫、紫红色	25	8	200
非洲凤仙	凤仙花科凤仙花属	*Impatiens balsamina*	20~30	7~10月	粉、红、紫、紫红色	70	9	630
大花海棠	秋海棠科秋海棠属	*Begonia cathayana*	40~50	4~10月	红、粉色	25	5	125
孔雀草	菊科万寿菊属	*Tagetes patula*	15~25	7~9月	黄色	50	12	600
长寿花	景天科伽蓝菜属	*Kalanchoe blossfeldiana*	15~25	2~5月	橙红色	50	10	500
虞美人	罂粟科罂粟属	*Papaver rhoeas*	30~50	5~8月	红色	50	8	400
蓍草	菊科蓍属	*Achillea wilsoniana*	20~40	7~8月	白色	50	10	500

路缘篱下试验性可持续花境

北京市花木有限公司

夏季实景

路缘篱下试验性可持续花境

秋季实景

路缘篱下试验性可持续花境

　　本花境旨在在北京地区试验可持续花境的科学设计原则、合理建植方式，并持续观测景观可持续性的实际效果，以生长较为稳定持续的花灌木作为花境的重要骨架，选择在北京地区经过试种、观察后，能够连续3年以上持续稳定宿存的宿根花卉作为主要的花卉植物材料，并通过结构分层、色彩搭配、质感调和等多种原则综合考虑进行花境设计。

　　花境建植地块位于北京市花木有限公司宿根花卉生产基地的路缘篱下，立地环境条件一致，具备较高的养护管理水平，能够保证宿根花境的管理养护要求，并方便对花境进行持续性的景观和生长观测，保证试验的可行性，为探索在北京地区设计和建植可持续花境提供具有参考性的资料。

　　专家点评：用植物语言生动地演绎了春、夏、秋三季既有季相特色又有纵向连贯的花境景观。整个花境的节奏感较强。

设计阶段图纸

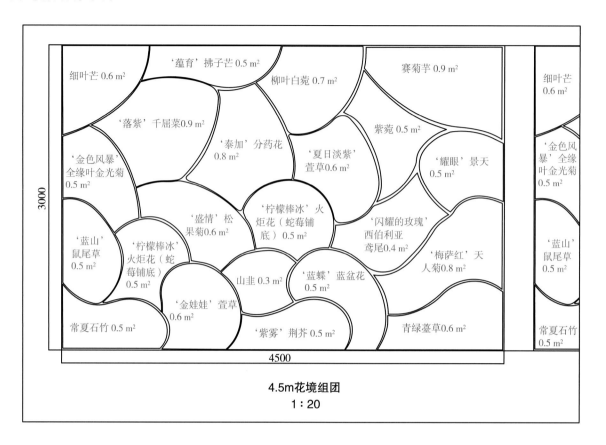

4.5m花境组团

1∶20

花境植物材料

序号	名称	种植面积（m²）	成年冠径（cm）	盆具	栽植密度（株/m²）	单组团数量（株）	需苗数量（株）
1	'耀眼'景天	0.5	40	15	25	13	63
2	山韭	0.3	15	15	25	8	38
3	'蓝蝶'蓝盆花	0.5	25	15	25	13	63
4	常夏石竹	0.5	20	15	25	13	63
5	'柠檬棒冰'火炬花+蓝羊茅铺地	1.0	35	11	36	36	180
6	'夏日淡紫'萱草	0.6	50	13	25	15	75
7	'金色风暴'全缘叶金光菊	0.5	40	15	25	13	63
8	'落紫'千屈菜	0.9	40	15	25	23	113
9	柳叶白菀	0.7	50	18	9	6	32
10	'盛情'松果菊	0.6	50	15	25	15	75

序号	名称	种植面积（m²）	成年冠径（cm）	盆具	栽植密度（株/m²）	单组团数量（株）	需苗数量（株）
11	'闪耀的玫瑰'西伯利亚鸢尾	0.4	30	18	16	6	32
12	'梅萨红'天人菊	0.8	45	15	25	20	100
13	'金娃娃'萱草	0.6	35	18	16	10	48
14	'紫雾'荆芥	0.5	60	15	25	13	63
15	紫菀	0.5	35	15	25	13	63
16	'泰加'分药花	0.8	40	15	25	20	100
17	'蕴育'拂子芒	0.5	35	26	16	8	40
18	细叶芒	0.6	40	26	4	2	12
19	赛菊芋	0.9	60	15	25	23	113
20	蓝羊茅	1.0		15	16	16	80

		木本植物		
		数量（株）		
序号	名称	12m花境单元	密度规格试验	规格
W1	'贝丽红'红瑞木	3	18	d=0.2m
W2	'邱园蓝'莸	1	6	d=1.4m
W3	丰花月季（粉色）	1	6	d=1.0m
W4	'无尽夏'八仙花	3	18	d=0.4m
W5	紫叶风箱果	1	6	d=0.8m
W6	'无尽夏'八仙花	2	12	d=0.4m
W7	早园竹	3	18	d=0.3m，h=1.5~2.0m
W8	小紫珠	1	6	d=0.8m
W9	糯米条	1	6	d=0.8m
W10	金叶风箱果	1	6	d=1.0m
W11	'霓虹'日本绣线菊	1	6	d=0.8m
W12	'霓虹'日本绣线菊	1	6	d=0.6m
W13	早园竹	4	24	d=0.3m，h=1.5~2.0m
攀援植物	五叶地锦	3.5延长米	21延长米	地径3cm
攀援植物	藤本月季	2延长米	12延长米	地径3~5cm

生态高新

华艺生态园林股份有限公司

春季实景

秋季实景

生态高新

　　高新区生态环境优良,围绕"一山两湖"建设森林化、花园化、低碳化、国际化"四化"开发园区。展示城区生态魅力是此区域的设计主题与基调。

　　道路交口以四季交替变更,花境自身变化,展现出花境最初的韵味,将花卉自然的搭配,充分表现植物自身的色彩美和群落美。空间上呈三个层次,以植物的高低错落大小变化,花色随着季节的变化,来表现出"时有落花至,远闻流水香"的优美环境。丰富的城市生态的繁华景象,竖立在花境之间,寓意繁花似锦的生态城区。

设计阶段图纸

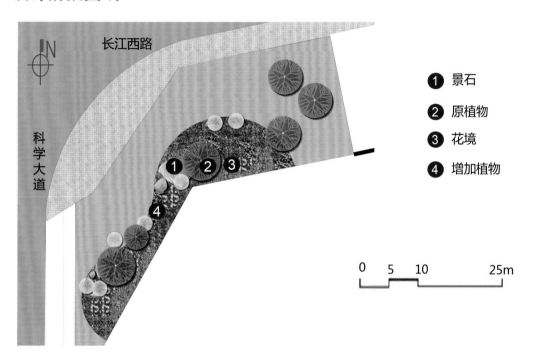

1 景石
2 原植物
3 花境
4 增加植物

花境植物材料

序号	苗木名称	科	属	拉丁名	花(叶)色	开花(观叶)期	株型	规格(cm) 高度	冠幅	胸径	单位	数量	株数	备注
1	香樟	樟科	樟属	Cinnamomum camphora	叶子绿色	四季	广卵形	700~750	350~400	20	株	1	1	全冠苗, 树形优美, 分枝点≥250cm
2	桂花	木犀科	木犀属	Osmanthus fragrans	黄色	8~10月	卵形	300~350	250~280		株	16	16	造型优美
3	鸡爪槭	槭树科	槭属	Acer palmatum	春夏绿色, 秋红色	春夏秋	伞形	200~250	180~200	D6	株	3	3	全冠苗, 树形优美
4	木槿	锦葵科	木槿属	Hibiscus syriacus	粉红、淡紫、紫红色	7~10月	卵形	220	150		株	2	2	枝叶饱满
5	金叶接骨木	忍冬科	接骨木属	Sambucus williamsii	白色	3~4月	披散型	120	100		株	3	3	容器苗, 亮脚<20cm
6	'金叶'榆球	榆科	榆属	Ulmus pumila 'Jinye'	叶片金黄色	春夏秋	直立球形	150~200	60~80		株	2	2	容器苗, 全冠苗
7	红花檵木	金缕梅科	檵木属	Loropetalum chinense var. rubrum	紫红色	4~6月	球形	150	180		株	4	4	光球, 亮脚<30cm
8	单杆月季	蔷薇科	蔷薇属	Rosa chinensis	红、粉红、黄色	3~11月	高杆型				株	3	3	光球, 亮脚<80cm
9	海桐球	海桐花科	海桐花属	Pittosporum tobira	花白色, 叶常绿	3~4月	球形	120	180		株	3	3	光球, 亮脚<30cm
10	亮金女贞球	木犀科	木犀属	Ligustrum × vicaryi	春季新叶鲜黄色, 至冬季转为金黄色	四季	饱满球形	100	100		株	2	2	光球, 亮脚<30cm
11	水果蓝球	唇形科	香科科属	Teucrium fruticans	全株被白色绒毛, 蓝灰色	四季	球形	80	80		株	3	3	光球, 亮脚<30cm
12	'银霜'女贞	木犀科	女贞属	Ligustrum japonicum 'Jack Frost'	白色	5~6月	开张型	150	150		株	3	3	容器苗, 亮脚<20cm
13	德国鸢尾	鸢尾科	鸢尾属	Iris germanica	淡紫、蓝紫、深紫色	4~5月	直立丛生	20~30			m²	2.1	34	16丛/m², 容器苗
14	'甜心'玉簪	百合科	玉簪属	Hosta 'So Sweet'	白色带紫色条纹	6~9月	紧密丛生型	35	50~55		m²	14.9	134	9丛/m², 容器苗
15	芙蓉菊	菊科	芙蓉菊属	Crossostephium chinense	黄绿色	花果期全年	蓬状丛生型	20~40	30~40		m²	4.4	110	25株/m², 容器苗
16	银纹沿阶草	百合科	沿阶草属	Ophiopogon intermedius 'Argenteo-marginatus'	淡蓝色	8~9月	丛生	40~60	30~40		m²	4.6	115	25株/m², 容器苗
17	'天堂之门'金鸡菊	菊科	金鸡菊属	Coreopsis rosea 'Heaven's Gate'	粉色	5~10月	丛生松散型	30~60			m²	4.7	118	25株/m², 容器苗
18	墨西哥鼠尾草	唇形科	鼠尾草属	Salvia leucantha	紫红色	10~11月	直立型	40~60	30~50		m²	6.2	155	25株/m², 容器苗
19	墨西哥羽毛草	禾本科	针茅属	Nassella tenuissima	银白色	6~9月	密集丛生	40~60	30~50		m²	2.5	40	16丛/m², 容器苗
20	矮蒲苇	禾本科	蒲苇属	Cortaderia selloana 'Pumila'	银白、粉红色	9~10月	直立丛生型	120	60~100		m²	1.7	7	4株/m², 容器苗
21	矮牵牛	茄科	矮牵牛属	Petunia hybrida	粉、紫、红、白色	4~12月	丛生和匍匐类型	20~45			m²	4.3	69	16株/m², 容器苗
22	白晶菊	菊科	菊属	Chrysanthemum paludosum	白色	5~6月	矮生型	15~25	20~25		m²	5.1	184	36丛/m², 容器苗

序号	苗木名称	科	属	拉丁名	花（叶）色	开花（观叶）期	株型	规格（cm） 高度	冠幅	胸径	单位	数量	株数	备注
23	绿叶薄荷	唇形科	薄荷属	*Mentha haplocalyx*	白色	7~9月	直立型	30~40	30		m²	4.1	103	25株/m²，容器苗
24	四季海棠	秋海棠科	秋海棠属	*Begonia semperflorens*	橙红、桃红、粉红色	四季	匍匐型	15~25			m²	4.4	158	36株/m²，容器苗
25	花菖蒲	鸢尾科	鸢尾属	*Iris ensata* var. *hortensis*	紫色、白色	6~7月	直立丛生	40~100			m²	3.4	54	16丛/m²，容器苗
26	金叶石菖蒲	天南星科	菖蒲属	*Acorus gramineus* 'Ogan'	绿色	4~5月	丛生	30~40	30~40		m²	7.3	183	25株/m²，容器苗
27	金边丝兰	龙舌兰科	丝兰属	*Yucca aloifolia*	叶缘金黄色	四季	螺旋状球形	30~40	30~40		m²	2.7	43	16株/m²，容器苗
28	西洋滨菊	菊科	滨菊属	*Leucanthemum vulgare*	白色，具香气	5~6月	直立丛生	40~80	30~40		m²	11.8	295	25株/m²，容器苗
29	'红星'朱蕉	龙舌兰科	朱蕉属	*Cordyline fruticosa* 'Red Star'	叶红褐色	四季	直立披散型	50~80	40~50		m²	4	16	4株/m²，容器苗
30	紫娇花	石蒜科	紫娇花属	*Tulbaghia violacea*	紫红、粉红色	5~11月	直立丛生	40~60	20~30		m²	9.3	335	36株/m²，容器苗
31	花叶玉簪	百合科	玉簪属	*Hosta undulata*	浓绿色。叶面中部有乳黄色和白色纵纹及斑块	春夏秋	丛生	30~40	50~60		m²	2.6	24	9株/m²，容器苗
32	八仙花	虎耳草科	绣球属	*Hydrangea macrophylla*	白、蓝、红、粉色	6~7月	圆润丛生型	30~80	30~40		m²	5.2	83	16株/m²，容器苗
33	'无尽夏'八仙花	虎耳草科	绣球属	*Hydrangea macrophylla* 'Endless Summer'	白、蓝、红、粉色	4~10月	圆润丛生型	60~100	80~100		m²	10.8	97	9株/m²，容器苗
34	蓝羊茅	禾本科	羊茅属	*Festuca glauca*	白色	5月	垫状丛生	40	40		m²	0.6	10	16株/m²，容器苗
35	'金焰'绣线菊	蔷薇科	绣线菊属	*Spiraea* × *bumalda* 'Gold Flame'	玫瑰红色	6~9月	落叶紧密型	40~60	30~40		m²	7.8	125	16株/m²，容器苗
36	橙花萱草	百合科	萱草属	*Hemerocallis fulva*	橙黄色	5~10月	直立丛生	40~60	20~30		m²	16	576	36丛/m²，容器苗
37	满天星	石竹科	石头花属	*Gypsophila paniculata*	淡红、紫、蓝色	6~8月	散生型	30~80			m²	2.3	58	25株/m²，容器苗
38	矮月季	蔷薇科	蔷薇属	*Rosa chinensis*	红、粉红、黄色	3~11月	矮生型	30~80			m²	2	50	25株/m²，容器苗
39	欧石竹	石竹科	石竹属	*Dianthus carthusianorum*	紫红、红、深粉红色	5~7月	丛生	30			m²	3	75	25丛/m²，容器苗
40	姬小菊	菊科	鹅河菊属	*Brachyscome angustifolia* 'Brasco Violet'	蓝紫色	5~10月	匍匐型	20~25			m²	8.6	310	36株/m²，容器苗
41	'小兔子'狼尾草	禾本科	狼尾草属	*Pennisetum alopecuroides* 'Little Bunny'	白色	7~11月	直立疏散型	40~60	30~50		m²	2.4	60	25株/m²，容器苗
42	矾根	虎耳草科	矾根属	*Heuchera micrantha*	红色	4~10月	匍匐疏散型	20~25	25~30		m²	1	25	25株/m²，容器苗
43	毛地黄钓钟柳	玄参科	钓钟柳属	*Penstemon laevigatus* ssp. *digitalis*	粉、蓝紫色	4~5月	直立丛生	30~60	35~40		m²	7.4	118	16丛/m²，容器苗
44	金边麦冬	百合科	山麦冬属	*Liriope spicata* var. *variegata*	红紫色	6~9月	丛生	30~60			m²	8.4	210	25株/m²，容器苗
45	'红之风'画眉草	禾本科	画眉草属	*Eragrostis ferruginea*	粉红色	8~11月	直立丛生	60			m²	2.9	46	16株/m²，容器苗
46	蛇鞭菊	菊科	蛇鞭菊属	*Liatris spicata*	紫色	8~10月	直立锥状	60~100	30~40		m²	5.8	93	16株/m²，容器苗
47	大吴风草	菊科	大吴风草属	*Farfugium japonicum*	黄色	8~11月	匍匐型	40~60	40~50		m²	16.2	259	16株/m²，容器苗

花源高新

华艺生态园林股份有限公司

春季实景

花源高新

　　高新区是合肥市原始创新的策源地，践行五大发展理念。花境设计以"源泉"为理念，运用碎石铺就的蜿蜒小路宛如流淌的溪流，滋润着干枯的河床、荒山、沙漠，使之成为河水、森林、绿洲，有着源泉的涵养，生命在生长、蔓延，有着创新思想的启发，新事物在创造着……将高新文化进一步提炼，形成景观化语言，让来者一起梦回高新，寻觅高新文化。

　　植物种植以三个层次充分展现出花境植物自身的魅力，打造乱花渐欲迷人眼的景象，形成花团锦簇、生命翩然、魅力高新的花园城市。

夏季实景

秋季实景

设计阶段图纸

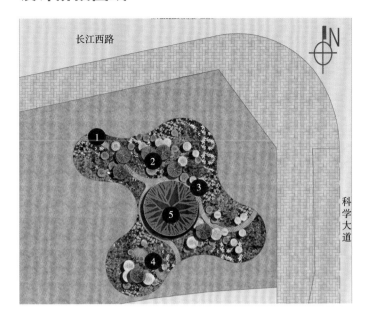

1 砾石
2 果壳覆盖物
3 增加植物
4 旱溪
5 原植物

花境植物材料

序号	苗木名称	科	属	拉丁名	花（叶）色	开花（观叶）期	株型	规格（cm） 高度	冠幅	胸径	单位	数量	株数	备注
1	红枫	槭树科	槭树属	Acer palmatum 'Atropurpureum'	红—绿—红色	春夏秋	圆锥形	200~250	180~200	D6	株	2	2	全冠苗，树形优美
2	鸡爪槭	槭树科	槭树属	Acer palmatum	春夏绿，秋红色	春夏秋	伞形	200~250	180~200	D6	株	2	2	全冠苗，树形优美
3	木槿	锦葵科	木槿属	Hibiscus syriacus	粉红、淡紫、紫红色	7~10月	卵形	220	150		株	7	7	丛生苗，枝叶饱满
4	金叶接骨木	忍冬科	接骨木属	Sambucus williamsii	白色	4~5月	披散型	120	100		株	3	3	容器苗，亮脚<20cm
5	'花叶'锦带花	忍冬科	锦带花属	Weigela florida 'Variegata'	红、粉红色	4~6月	洛叶紧密型	50~60	30~40		株	5	5	容器苗
6	'红星'朱蕉	龙舌兰科	朱蕉属	Cordyline australis 'Red Star'	叶红褐色	四季	直立披散型	50~80	40~50		株	8	8	容器苗
7	矮蒲苇	禾本科	蒲苇属	Cortaderia selloana 'Pumila'	银白、粉红色	9~10月	直立丛生型	120	60~100		丛	6	6	容器苗
8	亮金女贞球	木犀科	木犀属	Ligustrum × vicaryi	春季新叶鲜黄色，冬季转为金黄色	四季	饱满球形	100	100		株	5	5	光球，亮脚<30cm
9	水果蓝球	唇形科	香科科属	Teucrium fruticans	全株被白色茸毛，叶灰色，蓝色	四季	球形	80	80		株	3	3	光球，亮脚<30cm
10	花叶玉簪	百合科	玉簪属	Hosta undulata	浓绿色，叶面中部有乳黄色和白色纵纹及斑块	春夏秋	丛生	50~60	80~100		丛	10	10	容器苗
11	彩叶杞柳	杨柳科	柳属	Salix integra 'Hakuro Nishiki'	叶子有乳白相粉红色斑	春夏秋	洛叶开展	150~200	60~80		株	4	4	容器苗
12	花叶香桃木	桃金娘科	桃金娘属	Rhodomyrtus tomentosa	花白，叶有金黄色条纹	5~6月	灌木松散型	30~50	30~50		株	3	3	容器苗，全冠苗
13	紫叶美人蕉	美人蕉科	美人蕉属	Canna warszewiczii	深红色	6~8月	直立丛生	150~200	80~120		丛	10	10	容器苗
14	凤尾兰	龙舌兰科	丝兰属	Yucca gloriosa	白色	8~11月	螺旋状球形	60~100	60~100		株	6	6	容器苗
15	紫叶狼尾草	禾本科	狼尾草属	Pennisetum setaceum 'Rubrum'	紫红色	7~11月	直立疏散型	50~80	40		丛	9	9	容器苗
16	高杆月季	蔷薇科	蔷薇属	Rosa chinensis	红、粉红、黄色	3~11月	高杆型	120~150	50~60		株	7	7	容器苗
17	滨菊	菊科	滨菊属	Leucanthemum vulgare	白色，具香气	5~6月	直立丛生	40~80	30~40		m²	13	325	25株/m²，容器苗
18	满天星	石竹科	石头花属	Gypsophila paniculata	淡红、紫、蓝色	6~8月	散生型	30~80	20~30		m²	8.7	218	25株/m²，容器苗
19	'天堂之门'金鸡菊	菊科	金鸡菊属	Coreopsis rosea 'Heaven's Gate'	粉色	5~10月	丛生松散型	30~40	25~30		m²	5	125	25株/m²，容器苗
20	黄金菊	菊科	梳黄菊属	Euryops pectinatus	黄色	4~11月	丛生	40~50	30~35		m²	9.8	157	16株/m²，容器苗

（续）

序号	苗木名称	科	属	拉丁名	花（叶）色	开花（观叶）期	株型	规格（cm）			单位	数量	株数	备注
								高度	冠幅	胸径				
21	银叶菊	菊科	千里光属	*Senecio cineraria*	花紫红色	6~9月	散生型	50~80	30~35		m^2	3.2	51	16株/m^2，容器苗
22	紫娇花	石蒜科	紫娇花属	*Tulbaghia violacea*	紫红、粉红色	5~11月	直立丛生	40~60	20~30		m^2	11.8	425	36株/m^2，容器苗
23	蓝羊茅	禾本科	羊茅属	*Festuca glauca*	白色	5月	垫状丛生	35~40	30~35		m^2	0.6	10	16株/m^2，容器苗
24	玫红美女樱	马鞭草科	马鞭草属	*Verbena hybrida*	玫红色	5~11月	矮生匍匐型	30~40	20~25		m^2	2.2	79	36株/m^2，容器苗
25	细叶美女樱	马鞭草科	马鞭草属	*Verbena tenera*	红、白、蓝紫色	4月~10月下旬	匍匐型	20~30	20~25		m^2	8.5	306	36株/m^2，容器苗
26	羽扇豆	豆科	羽扇豆属	*Lupinus micranthus*	红、蓝、紫色等	3~5月	直立丛生	20~70	30~40		m^2	1.1	18	16丛/m^2，容器苗
27	赤胫散	蓼科	蓼属	*Polygonum runcinatum*	白、粉红色	6~7月	丛生型	30~50	30~40		m^2	5.5	88	16丛/m^2，容器苗
28	百子莲	石蒜科	百子莲属	*Agapanthus africanus*	蓝、紫、白色	5~8月	直立丛生	60			m^2	3.4	54	16丛/m^2，容器苗
29	矾根	虎耳草科	矾根属	*Heuchera micrantha*	红色	4~10月	匍匐散生型	20~25	25~30		m^2	6	150	25株/m^2，容器苗
30	花叶络石	夹竹桃科	络石属	*Trachelospermum jasminoides* ‘Flame’	花白、紫色，叶多色	4~5月	常绿藤本	50~100			m^2	2.5	63	25株/m^2，容器苗
31	矮月季	蔷薇科	蔷薇属	*Rosa chinensis*	红、粉红、黄色	3~11月	矮生型	30~40	30		m^2	1.8	45	25株/m^2，容器苗
32	千叶吊兰	蓼科	千叶兰属	*Muehlewbeckia complera*	叶绿色	四季	匍匐丛生	15~25			m^2	2.5	63	25丛/m^2，容器苗
33	火星花	鸢尾科	雄黄兰属	*Crocosmia crocosmiflora*	红、橙、黄色	6~7月	直立丛生	30~50	20~30		m^2	4.5	113	25丛/m^2，容器苗
34	玛格丽特菊	菊科	木茼蒿属	*Argyranthemum frutescens*	白色和粉色	2~10月	直立丛生	40~50	30~40		m^2	1.5	24	16丛/m^2，容器苗
35	毛地黄钓钟柳	玄参科	钓钟柳属	*Penstemon laevigatus* ssp. *digitalis*	粉、蓝紫色	4~5月	直立丛生	30~60	35~40		m^2	7.8	125	16丛/m^2，容器苗
36	‘金焰’绣线菊	蔷薇科	绣线菊属	*Spiraea* × *bumalda* ‘Gold Flame’	玫瑰红色	6~9月	落叶紧密型	40~60	30~40		m^2	7	112	16株/m^2，容器苗
37	萱草	百合科	萱草属	*Hemerocallis fulva*	橙黄色	5~10月	直立丛生	30~35	20~30		m^2	2.8	101	36丛/m^2，容器苗
38	欧石竹	石竹科	石竹属	*Dianthus carthusianorum*	紫红、红、深粉红色	5~7月	丛生	30	30~35		m^2	7.5	188	25丛/m^2，容器苗
39	姬小菊	菊科	鹅河菊属	*Brachyscome angustifolia* ‘Brasco Violet’	蓝紫色	5~10月	匍匐型	20~25			m^2	1	36	36株/m^2，容器苗
40	‘小兔子’狼尾草	禾本科	狼尾草属	*Pennisetum alopecuroides* ‘Little Bunny’	白色	7~11月	直立疏散型	40~60	30~50		m^2	5	125	25株/m^2，容器苗
41	八仙花	虎耳草科	绣球属	*Hydrangea macrophylla*	白、蓝、红、黄色	5~8月	落叶圆润丛生型	30~80	30~40		m^2	20	500	25丛/m^2，容器苗
42	矮牵牛	茄科	矮牵牛属	*Petunia hybrida*	粉、紫、红、白色	4~12月	丛生和匍匐类型	20~45			m^2	8.6	138	16株/m^2，容器苗

（续）

序号	苗木名称	科	属	拉丁名	花（叶）色	开花（观叶）期	株型	规格（cm） 高度	冠幅	胸径	单位	数量	株数	备注
43	德国鸢尾	鸢尾科	鸢尾属	Iris germanica	淡紫、蓝紫、深紫色	4~5月	直立丛生	30~40			m²	7.5	120	16丛/m²，容器苗
44	'甜心'玉簪	百合科	玉簪属	Hosta 'So Sweet'	白色带紫色条纹	6~9月	紧密丛生型	35	50~55		m²	5.6	50	9丛/m²，容器苗
45	芙蓉菊	菊科	芙蓉菊属	Crossostephium chinense	黄绿色	花果期全年	蓬松丛生型	20~40	30~40		m²	1	25	25株/m²，容器苗
46	银纹沿阶草	百合科	沿阶草属	Ophiopogon intermedius 'Argenteo-marginatus'	淡蓝色	8~9月	丛生	40~60	30~40		m²	10	160	25株/m²，容器苗
47	金叶佛甲草	景天科	景天属	Sedum lineare	金黄色	5~6月	匍匐低矮型	10~20			m²	4.5	366	81株/m²，容器苗
48	柳叶马鞭草	马鞭草科	马鞭草属	Verbena bonariensis	蓝紫色	5~10月	直立丛生型	100~150			m²	8	200	25株/m²，容器苗
49	四季海棠	秋海棠科	秋海棠属	Begonia semperflorens	橙红、桃红、粉红色	四季	匍匐型	15~25			m²	3.2	115	36株/m²，容器苗
50	金叶石菖蒲	天南星科	菖蒲属	Acorus gramineus 'Ogan'	绿色	4~5月	丛生	30~40			m²	10	250	25株/m²，容器苗
51	墨西哥羽毛草	禾本科	针茅属	Nassella tenuissima	银白色	6~9月	密集丛生	30~50	30~35		m²	5.3	133	25丛/m²，容器苗
52	绿叶薄荷	唇形科	薄荷属	Mentha haplocalyx	白色	7~9月	直立型	30~40	30		m²	2.3	58	25株/m²，容器苗
53	金叶过路黄	报春花科	珍珠菜属	Lysimachia nummularia 'Aurea'	黄色	5~7月	匍匐型	10~25			m²	6.8	333	49株/m²，容器苗
54	蛇鞭菊	菊科	蛇鞭菊属	Liatris spicata	紫色	8~10月	直立锥状	60~100	30~40		m²	4.7	75	16丛/m²，容器苗
55	花叶玉蝉花	鸢尾科	鸢尾属	Iris ensata 'Variegata'	深紫、蓝色	4~5月	直立丛生	40~60			m²	0.8	13	16丛/m²，容器苗
56	毛地黄	玄参科	毛地黄属	Digitalis purpurea	紫红色	5~6月	直立丛生	50~120	30~40		m²	0.8	13	16丛/m²，容器苗
57	'冰生'溲疏	虎耳草科	溲疏属	Deutzia crenata 'Nikko'	白色	5~6月	落叶开展	40~60	50~60		m²	1.4	13	9株/m²，容器苗
58	黄金络石	夹竹桃科	络石属	Trachelospermum asiaticum 'Summer Sunset'	鲜红、纯白、金黄、古铜、橘红色	四季	藤蔓植物	50~100			m²	1.5	38	25株/m²，容器苗
59	'红之风'画眉草	禾本科	画眉草属	Eragrostis ferruginea	粉红色	8~11月	直立丛生	60			m²	15.8	253	16株/m²，容器苗
60	蓝花鼠尾草	唇形科	鼠尾草属	Salvia officinalis	蓝紫色	5~10月	直立型	30~80			m²	7.5	188	25株/m²，容器苗
61	中华景天	景天科	景天属	Sedum reflexum	亮黄色	4~5月	匍匐状	15~20			m²	3.5	284	81株/m²，容器苗
62	花菖蒲	鸢尾科	鸢尾属	Iris ensata var. hortensis	紫、白色	6~7月	直立丛生	40~100			m²	8.5	136	16丛/m²，容器苗
63	金边麦冬	百合科	山麦冬属	Liriope spicata var. variegata	红紫色	6~9月	丛生	30~60			m²	7	175	25株/m²，容器苗
64	墨西哥鼠尾草	唇形科	鼠尾草属	Salvia leucantha	紫红色	10~11月	直立型	80~100			m²	7.8	195	25株/m²，容器苗

更换计划表

9月中下旬苗木更换计划表

序号	原植物	更换的苗木 植物名称	更换的苗木 科	更换的苗木 属	拉丁名	花（叶）色	开花（观叶）期	株型	规格（cm）高度	规格（cm）冠幅	单位	数量	密度（株/m²）	株数	备注
1	毛地黄、羽扇豆	凤尾鸡冠花	苋科	青葙属	Celosia cristata 'Pyramidalis'	花红、黄、紫、白色	7~11月	直立型	60~80		m²	1.9	36	69	容器苗

11月中下旬苗木更换计划表

序号	原植物	更换的苗木 植物名称	更换的苗木 科	更换的苗木 属	拉丁名	花（叶）色	开花（观叶）期	株型	规格（cm）高度	规格（cm）冠幅	单位	数量	密度（株/m²）	株数	备注
1	凤尾鸡冠花、四季海棠、'天堂之门'金鸡菊	三色堇	堇菜科	堇菜属	Viola tricolor	紫、蓝、黄色	11月至翌年3月	丛生型	15~20	10~15	m²	10.1	49	495	容器苗
2	满天星、玛格丽特菊	角堇	堇菜科	堇菜属	Viola cornuta	红、黄、紫色	12月至翌年4月	丛生型	10~15		m²	9.2	49	451	容器苗
3	黄金菊、矮牵牛	羽衣甘蓝	十字花科	芸薹属	Brassica oleracea var. acephala f. tricolor	紫红、灰绿、蓝、黄色	1~3月	矮生型	10~15		m²	17.5	49	860	容器苗

4月中下旬苗木更换计划表

序号	原植物	更换的苗木 植物名称	更换的苗木 科	更换的苗木 属	拉丁名	花（叶）色	开花（观叶）期	株型	规格（cm）高度	规格（cm）冠幅	单位	数量	密度（株/m²）	株数	备注
1	羽衣甘蓝	丛生福禄考	花荵科	天蓝绣球属	Phlox subulata	白、粉、红、紫、蓝色	3~4月	地毯型	15~20	10~15	m²	2	49	98	容器苗
2		花叶太阳花	马齿苋科	马齿苋属	Portulaca 'Hana Misteria'	桃红色	5~11月	匍匐低矮型	10~15		m²	3.6	49	177	容器苗
3	矮牵牛	矮牵牛	茄科	碧冬茄属	Petunia hybrida	粉、紫、红、白色	4~12月	丛生和匍匐类型	20~45		m²	8.6	36	152	容器苗
4	角堇	巨无霸海棠	秋海棠科	秋海棠属	/	红、玫红	5~11月（霜降以前）	散生丛生	40~60	40~50	m²	9.2	16	147	容器苗
5	三色堇	'桑蓓斯'凤仙花	凤仙花科	凤仙花属	Impatiens 'Sunpatiens'	橙色、紫红色	5~11月（霜降以前）	丛生	60		m²	10.1	6	61	容器苗
6	'红之凤'画眉草	'红之凤'画眉草	禾本科	画眉草属	Eragrostis ferruginea	粉红色	8~11月	直立丛生	60		m²	15.8	16	253	容器苗，更新

花嬉

华艺生态园林股份有限公司

春季实景

夏季实景

秋季实景

专家点评： 作品的天际线起伏丰富，立面景观高低错落。覆盖物与植物相互衬托，铁艺花瓣与植物花瓣既有呼应又有对比。

花嬉

提炼"留连戏蝶时时舞，自在娇莺恰恰啼"一诗中的自然风物，以花瓣为小品设计元素，营造百花齐放，彩蝶在花枝嬉闹的气氛。结合原有树阵疏林，林下野花组合，运用覆盖物火山岩、卵石等，表现植物本身的自然美、色彩美与群体美。营造缤纷花境的生机野趣，花卉以观赏宿根花卉为主，点缀观赏草类。

设计阶段图纸

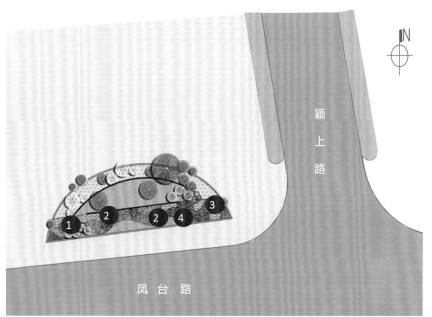

❶ 增加树木
❷ 花境
❸ 花瓣景观小品矮木桩
❹ 果壳覆盖物

花境植物材料

序号	苗木名称	科	属	拉丁名	花（叶）色	开花（观叶）期	株型	规格（cm） 高度	冠幅	胸径	单位	数量	株数	备注
1	柿树	柿科	柿属	Diospyros kaki	叶绿—橙黄—红，果实黄色	秋季	伞形	500~550	300~350	15	株	4	4	全冠苗，树形优美，分枝点80~100cm
2	金桂	木犀科	木犀属	Osmanthus sp.	金黄色	9~10月	圆锥形	250~300	250		株	3	3	丛生苗，树形优美，枝叶饱满
3	红枫	槭树科	槭属	Acer palmatum 'Atropurpureum'	红—绿—红色	春夏秋	圆锥形	250~300	200~250	D8	株	1	1	全冠苗，树形优美，分枝点60~80cm
4	花叶杞柳	杨柳科	柳属	Salix integra 'Hakuro Nishiki'	乳白和粉红色斑	四季	洛叶开展	120	100		株	2	2	容器苗，全冠苗，树形优美
5	亮叶女贞	木犀科	木犀属	Ligustrum vicaryi	春季新叶鲜黄色，至冬季转为金黄色	四季	饱满球形	100	80		株	2	2	容器苗，<20cm
6	水果蓝	唇形科	香科科属	Teucrium fruticans	淡紫色	5月	灌木松散型	80	100		株	1	1	容器苗，亮脚<20cm
7	金线柏	柏科	扁柏属	Chamaecyparis pisifera 'Filifera Aurea'	叶金黄色	四季	塔形	80~120	50~60		株	3	3	容器苗，亮脚<20cm
8	毛鹃	杜鹃花科	杜鹃花属	Rhododendron pulchrum	玫瑰红至亮红色	4~6月	饱满球形	30~40			株	3	3	容器苗，亮脚<20cm
9	花叶芒	禾本科	芒属	Miscanthus sinensis 'Variegatus'	深粉色	9~10月	密集丛生	80~110			丛	3	3	容器苗，树形优美
10	'小兔子'狼尾草	禾本科	狼尾草属	Pennisetum alopecuroides 'Little Bunny'	黄色、白色	7~11月	直立疏散型	80~100			丛	19	19	容器苗，树形优美
11	'紫叶'狼尾草	禾本科	狼尾草属	Pennisetum setaceum 'Rubrum'	紫红色	7~11月	直立疏散型	80~100			丛	4	4	容器苗，树形优美
12	蓝羊茅	禾本科	羊茅属	Festuca glauca	白色	5月	垫状丛生	25~30			丛	3	3	容器苗，树形优美
13	'金森'女贞	木犀科	女贞属	Ligustrum japonicum 'Howardii'	白色	3~5月	灌木松散型	40	30		m²	46	1150	容器苗，25株/m²
14	墨西哥鼠尾草	唇形科	鼠尾草属	Salvia leucantha	紫红色	10~11月	直立型	40~60			m²	5.4	87	容器苗，16株/m²
15	观赏谷子	禾本科	狼尾草属	Pennisetum glaucum	银白色、紫色至紫黑	6~9月	直立疏散型	40~60			m²	4.1	103	容器苗，25株/m²
16	麻叶绣线菊	蔷薇科	绣线菊属	Spiraea cantoniensis	白色	4~5月	披散型	40~50			m²	5.6	90	容器苗，16株/m²
17	柳枝稷	禾本科	黍属	Panicum virgatum	绿色或带紫色	6~10月	直立丛生	60~80			m²	2.9	47	容器苗，16株/m²
18	紫叶美人蕉	美人蕉科	美人蕉属	Canna warszewiczii	深红色	6~8月	直立丛生	40~50			m²	5.7	57	容器苗，10株/m²
19	'甜心'玉簪	百合科	玉簪属	Hosta 'So Sweet'	白色带紫色条纹	6~9月	紫密丛生型	20~40			m²	2.6	94	容器苗，36株/m²
20	松果菊	菊科	松果菊属	Echinacea purpurea	粉、白、红、黄色	6~7月	散生丛生	20~40			m²	10.8	324	容器苗，30株/m²
21	翠芦莉	爵床科	芦莉草属	Ruellia brittoniana	蓝色、紫色	3~10月	直立散生型	30~50			m²	6.9	207	容器苗，30株/m²
22	蓝花鼠尾草	唇形科	鼠尾草属	Salvia officinalis	蓝紫色	5~10月	直立丛生型	40~60			m²	4.8	173	容器苗，36株/m²
23	常绿鸢尾	鸢尾科	鸢尾属	/	紫红、大红、粉红、深蓝、白色	5~6月	直立丛生	20~30			m²	8.3	133	容器苗，16株/m²
24	'彩叶'络石	夹竹桃科	络石属	Trachelospermum jasminoides 'Flame'	白色、紫色	4~5月	藤蔓植物	20~60			m²	4	144	容器苗，36株/m²

（续）

序号	苗木名称	科	属	拉丁名	花（叶）色	开花（观叶）期	株型	规格（cm）高度	规格（cm）冠幅	规格（cm）胸径	单位	数量	株数	备注
25	'黄金'络石	夹竹桃科	络石属	Trachelospermum asiaticum 'Summer Sunset'	鲜红、纯白、金黄、古铜、橘红色	四季	藤蔓植物	20~60			m²	5.2	130	容器苗、25株/m²
26	大花秋葵	锦葵科	木槿属	Hibiscus moscheutos	深紫红、桃红、粉红、白色等浅	8~10月	圆润散生型	15~45			m²	2.3	23	容器苗、10株/m²
27	五星花	茜草科	五星花属	Pentas lanceolata	粉红、绯红、桃红等花色	6~10月	直立型	20~30			m²	9.7	349	容器苗、36株/m²
28	'凤尾'鸡冠花	苋科	青葙属	Celosia cristata 'Pyramidalis'	花红、黄、紫、白色	7~11月	直立型	20~30			m²	3.8	152	容器苗、40株/m²
29	矮牵牛	茄科	碧冬茄属	Petunia hybrida	粉、紫、红、白色	4~12月	丛生和匍匐类型	15~30			m²	3.9	156	容器苗、40株/m²
30	母菊	菊科	母菊属	Matricaria recutita	白色	7~11月	丛生	15~30			m²	4.5	113	容器苗、25株/m²
31	孔雀草	菊科	万寿菊属	Tagetes patula	黄、金黄、橙、红色	7~9月	矮生型	15~30			m²	4.7	188	容器苗、40株/m²
32	粤雪花	千屈菜科	萼距花属	Cuphea hookeriana	紫、红、白色	5~9月	灌木松散型	30~40			m²	5.3	212	容器苗、40株/m²
33	草石隔根带										m	62		满铺、宽度15cm
34	景石										t	50		河卵石、散置、平均密度2.7t/m³
35	土方量										m³	8		
36	泥炭土										m³	60		
37												20		
38	整形修剪										株	15		场地内原苗木修剪整形

更换计划表

11月中下旬苗木更换计划表

序号	原植物	更换的苗木 植物名称	更换的苗木 科	更换的苗木 属	更换的苗木 拉丁名	花（叶）色	开花（观叶）期	株型	规格（cm）高度	规格（cm）冠幅	单位	数量	密度（株/m²）	株数	备注
1	凤尾鸡冠花	三色堇	堇菜科	堇菜属	Viola tricolor	紫、蓝、黄色	11月至翌年3月	丛生型	15~20	10~15	m²	3.8	49	186	容器苗
2	母菊	角堇	堇菜科	堇菜属	Viola cornuta	红、黄、紫色	12月至翌年4月	丛生型	10~15	10~15	m²	4.5	49	221	
3	五星花、孔雀草	羽衣甘蓝	十字花科	芸薹属	Brassica oleracea var. acephala f. tricolor	紫红、灰绿、蓝、黄色	1~3月	矮生型	10~15	10~15	m²	15.4	49	755	容器苗

4月中下旬苗木更换计划表

序号	原植物	更换的苗木 植物名称	更换的苗木 科	更换的苗木 属	更换的苗木 拉丁名	花（叶）色	开花（观叶）期	株型	规格（cm）高度	规格（cm）冠幅	单位	数量	密度（株/m²）	株数	备注
1	羽衣甘蓝	石竹	石竹科	石竹属	Dianthus chinensis	紫红、粉红色	4~11月	直立丛生	15~20	10~15	m²	15.4	49	755	容器苗
2	松果菊	细叶美女樱	马鞭草科	马鞭草属	Verbena tenera	红色、蓝紫色	4~10月下旬	匍匐型	10~15	10~15	m²	10.8	49	529	容器苗
3	大花秋葵	柳叶马鞭草	马鞭草科	马鞭草属	Verbena bonariensis	蓝紫色	5~10月	直立丛生型	100~150		m²	2.3	36	83	容器苗

曲艺包河

安徽省蓝斯凯园林有限责任公司

曲艺包河

　　本花境设计采用多年生花卉和菊类组成花带，园林小品穿插其中，园林小品以多种抽象的脸谱为题材，反映了传统戏曲文化，与周边建筑安徽大剧院相呼应。

　　专家点评：花境内的京剧脸谱既点题"曲艺包河"，又与周边建筑安徽大剧院相呼应。

花境植物材料

序号	科属	中文名	拉丁名	品种名称	花（叶）色	开花期及持续时间（叶色变化期及观赏时间）	株型	长成高度(cm)	种植面积(m²)	种植密度	株数
1	美人蕉科美人蕉属	花叶美人蕉	Cannac generalis 'Striatus.'	/	红色	夏秋季节	直立、单株	56~80	5.58	36株/m²	201
2	龙舌兰科朱蕉属	红叶朱蕉	Cordyline fruticosa	'红巨人'	红色		多分枝	51~70	5.76	36株/m²	208
3	唇形科鼠尾草属	蓝花鼠尾草	Salvia farinacea	/	蓝紫色	5~10月	丛生	21~25	7.42	81株/m²	601
4	蔷薇科蔷薇属	月季	Rosa chinensis	微型月季	黄色	5~10月	直立	16~20	15.00	81株/m²	1215
5	百合科玉簪属	花叶玉簪	Hosta undulata	'甜心'	绿色有白边	春夏秋季为观赏期	丛生	26~30	10.65	49株/m²	521.85
6	石蒜科紫娇花属	紫娇花	Tulbaghia violacea	/	紫粉色	5~7月	直立	35~40	12.46	64株/m²	797.44
7	唇形科鼠尾草属	墨西哥鼠尾草	Salvia leucantha	/	紫色	6~9月	鞭型	45~50	14.59	64株/m²	933.76
8	夹竹桃科络石属	花叶络石	Trachelospermum jasminoides 'Flame'	/	白色	全年	匍匐	藤长60	15.80	49株/m²	775.2
9	菊科梳黄菊属	黄金梳菊	Euryops pectinatus	/	黄色	3~10月	丛生	46~50	14.46	49株/m²	708.54
10	天南星科菖蒲属	金边石菖蒲	Acorus tatarinowii	/	绿色	全年	丛生	16~20	10.00	8~10株/丛、64丛/m²	5120
11	紫茉莉科叶子花属	三角梅	Bougainvillea glabra	/	玫红色	3~11月	塔型	80~120	12.00	15株/m²	180
12	豆科紫雀花属	金雀花	Parochetus communis	/	黄色	4~11月	匍匐	15~25	15.28	25株/m²	382
13	小檗科南天竹属	南天竹	Nandina domestica	/	绿色	全年	丛生	51~55	20.00	25株/m²	500
14	松科松属	五针松	Pinus parviflora	/	绿色	全年	树形	200~240	10.00	1棵/m²	10
15	虎耳草科八仙花属	'银边'八仙花	Hydrangea macrophylla	/	白色	6~7月	丛生	55~60	20.29	36株/m²	730.44
16	百合科山菅兰属	'银边'山菅兰	Dianella ensifolia 'White Variegated'	花叶山菅兰	绿色黄边		丛生	25~30	15.25	18株/m²	274.5
17	蔷薇科火棘属	'小丑'火棘	Pyracantha fortuneana 'Harlequin'	/	红色	全年	球型	30~35	15.00	10株/m²	150
18	木犀科女贞属	金叶女贞	Ligustrum vicaryi	亮金女贞球	黄绿色	春夏秋季为观赏期	球型	200~250	15.00	36株/m²	540
19	鸢尾科鸢尾属	西伯利亚鸢尾	Iris sibirica	/	紫色	4~5月	直立	36~40	14.48	36株/m²	522
20	马鞭草科马鞭草属	美女樱	Verbena hybrida	/	紫色	5~11月	匍匐	36~40	10.74	64株/m²	687.36
21	秋海棠科秋海棠属	四季秋海棠	Begonia semperflorens	/	粉、红色	全年	伞状	31~35	6.50	81株/m²	526.5
22	百合科丝兰属	丝兰	Yucca smalliana	金边软叶丝兰	白色	夏秋季节	丛生	31~35	8.52	81株/m²	698.22
23	爵床科芦莉草属	翠芦莉	Ruellia brittoniana	/	紫色	3~10月	直立	36~40	3.43	81株/m²	277.83
25	蔷薇科绣线菊属	绣线菊	Spiraea salicifolia	/	粉色	6~8月	球型	40~45	5.53	49株/m²	270.97
26	禾本科芒属	细叶芒	Miscanthus sinensis cv.	/	绿色，叶背有粉白色茸毛	全年	丛生	41~50	8.38	25~30株/丛、25丛/m²	5000
27	唇形科香科科属	水果蓝	Teucrium fruticans	/	绿色	全年	球型	40~45	5.00	81株/m²	405
28	蔷薇科风箱果属	金叶风箱果	Physocarpus opulifolius var. luteus	金叶风箱果球	黄绿色	春夏秋季为观赏期	球型	100~150	5.00	36株/m²	180
29	罗汉松科罗汉松属	罗汉松	Podocarpus macrophyllus	/	绿色	全年	树形	200~240	4.00	5棵/m²	20
30	忍冬科锦带花属	锦带花	Weigela florida	'红王子'	红色	4~6月	球型	100~110	20.00	81株/m²	1620

（续）

序号	科属	中文名	拉丁名	品种名称	花（叶）色	开花期及持续时间（叶色变化期及观赏时间）	株型	长成高度（cm）	种植面积（m²）	种植密度	株数
31	杨柳科柳属	彩叶杞柳	Salix integra 'Hakuro Nishiki'	/	粉色	春夏秋季为观赏期	丛生	56~70	4.00	36株/m²	144
32	景天科八宝属	八宝景天	Hylotelephium yhrostictum	/	绿色	8~9月	直立	36~40	15.24	64株/m²	975
33	唇形科假龙头花属	假龙头	Physostegia virginiana	/	粉紫色	8~10月	直立	56~75	15.24	64株/m²	975
35	禾本科狼尾草属	'小兔子'狼尾草	Pennisetum alopecuroides 'Little Bunny'	/	黄色	晚夏、初秋至仲秋	丛生	41~50	14.60	5~7株/每丛，6丛/m²	438
37	景天科景天属	佛甲草	Sedum lineare	'金边'	黄绿色	全年	球型	20~30	1.00	64株/m²	64
38	五加科人参属	三七(绿雕)	Panax notoginseng	/	绿色	/	簇生	100~110	2.00	81株/m²	128
40	百合科萱草属	大花萱草	Hemerocallis middendorfii	/	橙色	7~8月	直立	36~40	5.49	36株/m²	198
41	石蒜科百子莲属	百子莲	Agapanthus africanus	/	蓝色	7~8月	直立	41~50	6.99	10株/m²	70
47	忍冬科六道木属	大花六道木	Abelia × grandiflora	/	粉白色	夏秋季节	球型	60~65	5.00	10株/m²	50
48	虎耳草科矾根属	矾根	Heuchera micrantha	/	红色	全年	伞状	21~25	2.60	64株/m²	166
49	苋科青葙属	鸡冠花	Celosia cristata	/	红色	夏秋季节	直立	41~50	5.47	64株/m²	350
50	菊科金鸡菊属	大花金鸡菊	Coreopsis grandiflora	/	黄色	5~9月	丛生	80~90	7.68	64株/丛，10丛/m²	4915
51	柳叶菜科山桃草属	山桃草	Gaura lindheimeri 'Crimson Bunny'	/	粉色	5~11月	多分枝	35~45	6.27	49株/m²	307
54	蓼科千叶兰属	千叶兰	Muehlewbeckia complera	/	绿色	全年	丛生	26~30	4.97	49株/m²	244
55	菊科千里光属	银叶菊	Senecio cineraria	/	灰绿色	全年	丛生	16~20	10.46	49株/m²	513
56	百合科吉祥草属	吉祥草	Reineckia carnea	'金边'	绿色有白边	全年	丛生	26~30	1.20	49株/m²	59
57	石竹科石竹属	石竹	Dianthus chinensis	/	粉色	春夏季节	丛生	25~30	6.20	49株/m²	304
58	鸭跖草科鸭跖草属	紫鸭跖草	Commelina purpurea	/	紫色	6~9月	丛生	25~30	4.87	36株/丛，10丛/m²	1753
59	忍冬科忍冬属	蓝叶忍冬	Lonicera korolkowii	/	红色	4~5月	直立	70~80	5.00	25株/m²	125
60	禾本科白茅属	日本血草	Imperata cylindrical 'Rubra'	/	红色	全年	丛生	31~40	4.45	49株/m²	218
61	唇形科鼠尾草属	一串红	Salvia splendens	/	红色	6~7月	直立	31~35	3.33	81株/m²	270
62	天南星科菖蒲属	矮蒲苇	Acorus calamus	/	白色	全年	丛生	25~30	4.34	25株/m²	109
63	菊科大丽花属	大丽花	Dahlia pinnata	寿光	黄色	6~12月	丛生	50~55	3.67	49株/丛，10丛/m²	1799
64	柏科柏木属	'蓝冰'柏	Cupressus 'Blue Ice'	/	霜蓝色	全年	树形	150~160	4.00	10株/m²	40
65	美人蕉科美人蕉属	'金叶'美人蕉	Canna generalis 'Jinye'	/	橙红色	6~10月	直立	80~85	10.52	25株/m²	263
66	茄科碧冬茄属	矮牵牛	Petunia hybrida	/	玫红色	4月至霜降	花盆	26~30	9.00	81株/m²	729
69	蔷薇科苹果属	海棠花	Malus spectabilis	/	粉白色	春夏季节	花篮	26~30	4.00	82株/m²	328
70	冬青科冬青属	无刺枸骨	Ilex cornuta var. fortunei	/	绿色	全年	球型	130~140	5.00	10株/m²	50
71	禾本科芦竹属	花叶芦竹	Arundo donax var. versicolor	/	黄绿色	春夏秋季为观赏期	丛生	61~65	3.00	4~6株/丛，25丛/m²	300
72	马齿苋科马齿苋属	太阳花	Portulaca grandiflora	/	黄白色	夏季	丛生	20~25	12.99	81株/m²	1052
73	凤仙花科凤仙花属	凤仙	Impatiens balsamina	超级凤仙	红色	7~10月	直立	60~70	15.50	64株/m²	992

繁花似锦

上海绿金绿化养护工程有限公司

春季实景

繁花似锦

　　以美女樱、耧斗菜、毛地黄、羽扇豆、风铃草为主形成春季景观,以繁星花、萼距花、五色梅、千日红以及春季植物为主形成夏季景观,以菊科类、观赏草类植物为主形成秋季景观,植物色彩搭配丰富艳丽,植株高低错落。

专家点评：以宿根花卉为主的植物材料组成季相分明的四季景色。花境与背景乔灌木和前沿草坪和谐共生，相得益彰。养护及时、有效，景观维持时间长。

植物更换计划表

　　岭南公园花境春季多采用色彩鲜艳的观花植物，包括毛地黄、大花飞燕草、虞美人、露微花等，进入盛夏，这些春季观花植物已经过了盛花期，则需增添夏季开花植物，包括繁星花、萼炬花、蓝雪花、五色梅、千日红、鸟尾花、观赏谷子等，使得整个花境依然有观花、观叶、观果植物观赏。

春季	夏季
毛地黄	繁星花
大花飞燕草	萼距花
虞美人	蓝雪花
露微花	五色梅
	千日红
	鸟尾花
	观赏谷子

植物配置表（春夏）

序号	植物名称	植物科属	拉丁名	花（叶）色	开花期及持续时间	长成高度	种植面积（m²）	种植密度（株/m²）	株数（株）	备注
1	羽扇豆	豆科羽扇豆属	Lupinus micranthus	白、红、蓝、紫色	4~6月	35cm	4.1	36	148	春、夏
2	天竺葵	牻牛儿苗科天竺葵属	Pelargonium hortorum	红、橙红、粉红或白色	5~7月	30cm	7.4	36	266	
3	玉簪	百合科玉簪属	Hosta plantaginea	白色	8~10月	20cm	0.2	36	7	春、夏、秋
4	矾根	虎耳草科矾根属	Heuchera micrantha	红色	4~10月	20cm	2.5	36	90	春、夏、秋
5	大花楼斗菜	毛茛科楼斗菜属	Aquilegia glandulosa	蓝或淡白色	6~8月	40cm	12.7	49	622	
6	书带草	百合科沿阶草属	Ophiopogon japonicus	花红紫色	5~9月	45cm			2	
7	毛地黄	玄参科毛地黄属	Digitalis purpurea	花冠蝶紫红色，内面有浅白斑点	5~6月	60cm	3.3	36	119	
8	八仙花	虎耳草科绣球属	Hydrangea macrophylla	粉红或淡白色	6~8月	40cm	1	36	36	春、夏、秋
9	金边胡颓子	胡颓子科胡颓子属	Elaeagnus pungens var. variegata	深绿有金边	9~11月	90cm	1		1	春、夏、秋
10	千层金	桃金娘科白千层属	Melaleuca bracteata	金黄色	1~12月	2.5m			7	春、夏、秋
11	银叶菊	菊科千里光属	Senecio cineraria	花紫红色	6~9月	25cm	3.2	49	156	
12	花叶蔓长春	夹竹桃科蔓长春花属	Vinca major var. variegata	紫色	3月	30cm	0.2	49	10	春、夏、秋
13	美女樱	马鞭草科马鞭草属	Verbena hybrida	白、红、粉红色	5~11月	15cm	4.1	64	262	
14	露薇花	马齿苋科露薇花属	Lewisia cotyledon	花红色	6~10月	12cm	0.9	64	58	
15	薰衣草	唇形科薰衣草属	Lavandula angustifolia	蓝、紫、蓝紫、粉红、白色	6月	40cm	3.8	49	186	
16	黄菖蒲	鸢尾科鸢尾属	Iris pseudacorus	淡黄色	5~6月	40cm	0.5	36	18	
17	蓍草	菊科蓍属	Achillea wilsoniana	粉色	7~9月	35cm	1.1	49	54	
18	'斑叶'芒	禾本科芒属	Miscanthus sinensis 'Zebrinus'	黄白色	7~10月	2.2m			7	春、夏、秋
19	红花檵木	金缕梅科檵木属	Loropetalum chinense var. rubrum	暗红色	4~5月	80cm				春、夏、秋
20	苏铁	苏铁科苏铁属	Cycas revoluta	黄褐色	6~8月	70cm			3	春、夏、秋
21	花叶蒲苇	禾本科蒲苇属	Cortaderia selloana	粉红至银白色	9月至翌年1月	1.5m			2	
22	虞美人	罂粟科罂粟属	Papaver rhoeas	紫红色	3~8月	35cm	1.3	36	47	
23	'黄金'络石	夹竹桃科络石属	Trachelospermum asiaticum 'Summer Sunset'	绿、橙、红色	4~5月	30cm	0.9	36	33	
24	金鱼草	玄参科金鱼草属	Antirrhinum majus	白、淡红、深红、浅黄、黄橙色	5~11月	35cm	5.7	36	205	
25	风铃草	桔梗科风铃草属	Campanula sp.	蓝紫	4~5月	40cm	3.2	49	157	
26	彩叶杞柳	杨柳科柳属	Salix integra 'Hakuro Nishiki'	乳白、粉色斑	3月	2.5m			9	春、夏、秋
27	醉鱼草	马钱科醉鱼草属	Buddleja lindleyana	花紫色	4~10月	2.8m			3	春、夏、秋
28	'金叶'石菖蒲	天南星科菖蒲属	Acorus gramineus 'Ogan'	金黄色	4~5月	30cm	3.1	49	152	春、夏、秋
29	金叶女贞	木犀科女贞属	Ligustrum × vicaryi	白色	6~8月	60cm	4.5	25	112	春、夏、秋
30	黄金菊	菊科梳黄菊属	Euryops pectinatus	黄色	6~8月	45cm	2.8	36	100	春、夏、秋
31	鼠尾草	唇形科鼠尾草属	Salvia japonica	淡红、淡紫、淡蓝色	6~9月	40cm	4.5	49	220	春、夏、秋
32	绵毛水苏	唇形科水苏属	Stachys lanata	玫红色	7月	25cm	0.4	36	15	
33	非洲菊	菊科大丁草属	Gerbera jamesonii	红、黄、橙、紫色	11月至翌年4月	20cm	1.1	64	70	春、夏、秋
34	狼尾草	禾本科狼尾草属	Pennisetum alopecuroides	淡绿色或紫色	8~10月	30~120cm			10	春、夏、秋
35	常夏石竹	石竹科石竹属	Dianthus plumarius	灰绿色	5~10月	20cm	0.4	64	26	
36	玛格丽特	菊科木茼蒿属	Argyranthemum frutescens	红、黄、白、粉色	10月至翌年5月	25cm	0.9	64	58	
37	花烟草	茄科烟草属	Nicotiana alata	粉、黄、红、白、紫色	4~10月	50cm	2.1	49	103	
38	'蓝冰'柏	柏科柏木属	Cupressus 'Blue Ice'	霜蓝色	4~5月	7m			2	春、夏、秋

序号	植物名称	植物科属	拉丁名	花（叶）色	开花期及持续时间	长成高度	种植面积（m²）	种植密度（株/m²）	株数（株）	备注
39	紫娇花	石蒜科紫娇花属	Tulbaghia violacea	紫色	5~7月	30cm	2.7	49	132	春，夏，秋
40	大花飞燕草	毛茛科翠雀属	Delphinium grandiflorum	紫蓝色	5~10月	65cm	1.8	49	88	春，夏，秋
41	造型黄杨	黄杨科黄杨属	Buxus sinica	绿色	3月	1.8m	0.3	36	1	
42	迷迭香	唇型科迷迭香属	Rosmarinus officinalis	蓝紫色	11月	50cm			10	春，夏，秋
43	金枝槐	豆科槐属	Sophora japonica 'Golden Stem'	淡黄绿色	6~8月	2m			3	春，夏，秋
44	水果蓝	唇形科香科科属	Teucrium fruticans	淡紫色	7~8月	45cm	1	25	25	春，夏，秋
45	南天竹	小檗科南天竹属	Nandina domestica	深绿色，冬季变红色	3~6月	1.3m			5	春，夏，秋
46	萱草	百合科萱草属	Hemerocallis fulva	橙黄色	5~7月	30cm	2.7	49	132	春，夏，秋
47	柳叶马鞭草	马鞭草科马鞭草属	Verbena bonariensis	紫色	5~9月	65cm	1.4	36	50	春，夏，秋
48	鸢尾	鸢尾科鸢尾属	Iris tectorum	花蓝紫色	4~5月	30cm	0.5	36	18	
49	红枫	槭树科槭属	Acer palmatum 'Atropurpureum'	嫩叶红色，老叶终年紫红色	4~5月	2.5m			2	春，夏，秋
50	山茶	山茶科山茶属	Camellia japonica	红色	1~4月	1.6m			3	
51	金叶六道木	忍冬科六道木属	Abelia grandiflora 'Francis Mason'	白中带粉	5~11月	40cm			2	春，夏，秋
52	朱蕉	百合科朱蕉属	Cordyline fruticosa	红，青紫至黄色	11月至翌年3月	55cm			3	春，夏，秋
53	枸骨	冬青科冬青属	Ilex cornuta	淡黄色	4~5月	2m			1	
54	花叶芦竹	禾本科芦竹属	Arundo donax var. versicolor	金边绿叶	9~12月	1.5m				
55	银边八仙花	虎耳草科绣球属	Hydrangea macrophylla	粉、蓝、白色	6~7月	70cm			1	春，夏，秋
56	比格海棠	秋海棠科秋海棠属	Begonia semperflorens	橙红、桃红、粉红色	1~12月	20cm	1.3	36	48	春，夏，秋
57	菊花	菊科菊属	Chrysanthemum morifolium	黄色	9~11月	20cm	1.8	49	88	春，夏，秋
58	薄荷	唇形科薄荷属	Mentha haplocalyx	淡紫色	7~9月	30cm	1.1	36	40	春，夏，秋
59	香桃木	桃金娘科香桃木属	Myrtus communis	蓝黑或近白色	7~10月	1.6m			6	春，夏，秋
60	高秆石竹	石竹科石竹属	Dianthus plumarius	灰绿色	5~10月	45cm	3.2	49	157	春，夏，秋
61	绣线菊	蔷薇科绣线菊属	Spiraea salicifolia	粉红色	6~8月	70cm	0.8	25	20	
62	金鸡菊	菊科金鸡菊属	Coreopsis drummondii	黄棕粉色	5~10月	35cm	0.3	49	15	
63	穗花婆婆纳	玄参科婆婆纳属	Veronica spicata	紫或蓝色	6~8月	40cm	1.3	49	64	春，夏，秋
64	姬小菊	菊科鹅河菊属	Brachyscome angustifolia 'Brasco Violet'	紫色	1~5月	25cm	1.2	64	77	春，夏，秋
65	勋章菊	菊科勋章菊属	Gazania rigens	白、黄、玫红色	4~5月	25cm	1.4	36	50	春，夏，秋
66	杜鹃	杜鹃花科杜鹃属	Rhododendron simsii	黄褐、灰或紫红色	3~4月	35cm	0.8	36	28	春，夏，秋
67	女贞	木犀科女贞属	Ligustrum lucidum	黄褐，灰或紫红色	5~7月	3.5m			1	春，夏，秋
68	朱唇	唇形科鼠尾草属	Salvia coccinea	深红或绯红色	4~7月	40cm	1.7	49	84	春，夏，秋
69	桂花	木犀科木犀属	Osmanthus fragrans	淡黄色	9~10月	3m			1	
70	芦苇	禾本科芦苇属	Phragmites australis	黄色	8~12月	1.5m			1	
71	银霜女贞	木犀科女贞属	Ligustrum japonicum 'Jack Frost'	金黄色	5~6月	80cm			1	
72	木槿	锦葵科木槿属	Hibiscus syriacus	淡粉红色	7~10月	1.3m			2	春，夏，秋
73	美人蕉	美人蕉科美人蕉属	Canna indica	鲜红色	3~12月	1.5m			1	春，夏，秋
74	棣棠	蔷薇科棣棠花属	Kerria japonica	金黄色	5~6月	1.3m				春，夏，秋
75	扁柏	柏科侧柏属	Platycladus orientalis	紫色	4月	60cm			1	春，夏，秋
76	观赏谷子	禾本科狼尾草属	Pennisetum americarum	紫色	7~11月	70cm	3.3	25	82	夏，秋
77	鸟尾花	爵床科十字爵床属	Crossandra infundibuliformis	橙红及黄色	6~8月	30cm	0.9	49	44	夏，秋
78	繁星花	茜草科五星花属	Pentas lanceolata	淡紫色	6~9月	30cm	1.3	49	64	夏，秋
79	千日红	苋科千日红属	Gomphrena globosa	白色，顶端紫红色	6~9月	40cm	1.8	49	88	夏，秋
80	弯距花	千屈菜科萼距花属	Cuphea hookeriana	深紫色	6~8月	40cm	0.5	36	18	夏，秋

夏季实景

植物更换计划表

　　岭南公园花境夏季多采用色彩鲜艳的观花植物，包括大花耧斗菜、金鱼草、花烟草、羽扇豆、风铃草等，进入初秋，这些观花植物已经过了盛花期，则需增添秋季开花植物，包括荷兰菊、百日草、醉蝶花、堆心菊、五色梅、粉黛乱子草、香彩雀等，使得整个花境依然有观花、观叶、观果植物观赏。

序号	植物名称	植物科属	拉丁名	花（叶）色	开花期及持续时间	长成高度	种植面积	种植密度
1	荷兰菊	菊科 紫菀属	*Aster novi-belgii*	蓝紫色	9~10月	30cm		
2	百日草	菊科 百日菊属	*Zinnia elegans*	深红色	6~10月	30cm		
3	醉蝶花	白花菜科 白花菜属	*Cleome spinosa*	红紫色	6~10月	40cm		
4	五色梅	马鞭草科 马缨丹属	*Lantana camara*	黄或粉红色，橘黄或橘红色	5~10月	1~2m		
5	粉黛乱子草	禾本科 乱子草属	*Muhlenbergia capillaris*	粉紫色	9~11月	70cm		
6	香彩雀	玄参科 香彩雀属	*Angelonia salicariifolia*	淡紫、粉紫色	1~12月	35cm		
7	堆心菊	菊科 堆心菊属	*Heleniun bigelovii*	柠檬黄色	7~10月	30cm		

植物更换计划表

　　岭南公园花境秋季多采用色彩鲜艳的观花观叶观草植物，进入冬季，大部分秋季花卉都已枯败，冬季花境主要以覆盖物为主，搭配一些冬季开花植物，包括羽衣甘蓝、紫罗兰、三色堇等，使得整个花境依然有观花、观叶植物可供观赏。

序号	植物名称	植物科属	拉丁名	花（叶）色	开花期及持续时间	长成高度	种植面积	种植密度
1	羽衣甘蓝	十字花科芸薹属	*Brassica oleracea* var. *acephala* f. *tricolor*	淡黄、肉色、玫瑰红、紫红	2~4月	40cm		
2	紫罗兰	十字花科紫罗兰属	*Matthiola incana*	紫红、淡红色	2~4月	35cm		
3	三色堇	堇菜科堇菜属	*Viola tricolor*	紫、白、黄色	2~4月	15cm		

植物配置表（秋）

序号	植物名称	植物科属	拉丁名	花（叶）色	开花期及持续时间	长成高度	种植面积（m²）	种植密度（株/m²）	株数（株）
1	八仙花	虎耳草科绣球属	Hydrangea macrophylla	粉红色	6~8月	40cm	2.2	36	80
2	南天竹	小檗科南天竹属	Nandina domestica	深绿色，冬季变红色	3~6月	1.3m			4
3	黄金菊	菊科梳黄菊属	Euryops pectinatus	黄色	6~10月	45cm	1.8	25	45
4	'蓝冰'柏	柏科柏木属	Cupressus 'Blue Ice'	霜蓝色	4~5月	7m			2
5	荷兰菊	菊科紫菀属	Aster novi-belgii	蓝紫色	9~10月	30cm	1.1	64	70
6	石竹	石竹科石竹属	Dianthus chinensis	紫红、粉红色	5~10月	30cm	1	64	64
7	彩叶草	唇形科鞘蕊花属	Plectranthus scutellarioides	黄、暗红、紫及绿色	7月	50cm	4.5	25	112
8	造型黄杨	黄杨科黄杨属	Buxus sinica	绿色	3月	1.8m			1
9	花叶蔓长春	夹竹桃科蔓长春花属	Vinca major var. variegata	紫色	3月	30cm	0.7	49	35
10	比格海棠	秋海棠科秋海棠属	Begonia semperflorens	橙红、桃红、粉红色	1~12月	25cm	0.6	36	22
11	蒲苇	禾本科蒲苇属	Cortaderia selloana	雌花穗银白色	9~10月	2m			10
12	繁星花	茜草科五星花属	Pentas lanceolata	淡紫色	6~10月	30cm	4	64	256
13	花叶络石	夹竹桃科络石属	Trachelospermum jasminoides 'Flame'	花白或紫色	6~9月	30cm	1.5	36	54
14	杜鹃	杜鹃花科杜鹃属	Rhododendron simsii	红色	3~4月	35cm	0.9	36	32
15	'金叶'石菖蒲	天南星科菖蒲属	Acorus gramineus 'Ogan'	金黄色	4~5月	30cm	1.4	49	68
16	百日草	菊科百日菊属	Zinnia elegans	深红色	6~10月	30cm	1	36	36
17	醉蝶花	白花菜科白花菜属	Cleome spinosa	红紫色	6~10月	40cm	2.2	36	80
18	醉鱼草	马钱科醉鱼草属	Buddleja lindleyana	花紫色	4~10月	2.8m			3
19	鼠尾草	唇形科鼠尾草属	Salvia japonica	淡紫、淡蓝色	6~9月	40cm	8.9	36	320
20	狼尾草	禾本科狼尾草属	Pennisetum alopecuroides	淡绿或紫色	8~10月	80cm	8.1	25	202
21	弯距花	千屈菜科萼距花属	Cuphea hookeriana	深紫色	6~10月	40cm	1	36	36
22	银边八仙花	虎耳草科八仙花属	Hydrangea macrophylla	粉、蓝、白色	6~7月	70cm	0.4	25	10
23	'金枝'槐	豆科槐属	Sophora japonica 'Golden Stem'	淡黄绿色	6~8月	2m			1
24	玫瑰茄	锦葵科木槿属	Hibiscus sabdariffa	紫红至紫黑色	11月	80cm			2
25	苏铁	苏铁科苏铁属	Cycas revoluta	黄褐色	6~8月	70cm			2
26	红枫	槭树科槭属	Acer palmatum 'Atropurpureum'	嫩叶红色，老叶终年紫红色	4~5月	2.5m			3
27	美人蕉	美人蕉科美人蕉属	Canna indica	鲜红色	3~12月	1.5m	6.6	12	80
28	白茅	禾本科白茅属	Imperata cylindrica	紫黑色	4~6月	80cm			1
29	堆心菊	菊科堆心菊属	Helenium bigelovii	柠檬黄色	7~10月	30cm	2.2	64	140
30	紫娇花	石蒜科紫娇花属	Tulbaghia violacea	紫粉色	5~10月	30cm	2.5	49	122
31	木槿	锦葵科木槿属	Hibiscus syriacus	淡粉色	7~10月	1.3m			2
32	矾根	虎耳草科矾根属	Heuchera micrantha	红色	4~10月	25cm	3.8	36	900

序号	植物名称	植物科属	拉丁名	花（叶）色	开花期及持续时间	长成高度	种植面积（m²）	种植密度（株/m²）	株数（株）
33	五色梅	马鞭草科马缨丹属	Lantana camara	橘红色	5~10月	30cm	2.3	49	113
34	千日红	苋科千日红属	Gomphrena globosa	紫红色	6~9月	35cm	3.2	49	156
35	朱蕉	百合科朱蕉属	Cordyline fruticosa	红、青紫至黄色	11月至翌年3月	70cm			2
36	斑叶芒	禾本科芒属	Miscanthus sinensis 'Zebrinus'	黄白色	7~10月	1.8m			5
37	朱唇	唇形科鼠尾草属	Salvia coccinea	深红或绯红色	4~7月	30cm	3.3	49	186
38	红花檵木	金缕梅科檵木属	Loropetalum chinense var. rubrum	暗红色	4~5月	80cm			4
39	金叶女贞	木犀科女贞属	Ligustrum× vicaryi	白色	6~8月	80cm			2
40	彩叶杞柳	杨柳科柳属	Salix integra 'Hakuro Nishiki'	乳白、粉色斑	3月	2.5m			5
41	粉黛乱子草	禾本科乱子草属	Muhlenbergia capillaris	粉紫色	9~11月	70cm	1.1	64	70
42	千层金	桃金娘科白千层属	Melaleuca bracteata	金黄色	1~12月	2.5m			7
43	鸟尾花	爵床科十字爵床属	Crossandra infundibuliformis	橙红及黄色	6~10月	35cm	2.7	36	97
44	沿阶草	百合科沿阶草属	Ophiopogon bodinieri	白色或稍带紫色	6~8月	50cm			3
45	香茶菜	唇形科香茶菜属	Rabdosia amethystoides	黄栗色	6~10月	40cm	1.8	36	65
46	旱伞草	莎草科莎草属	Cyperus alternifolius	白绿相间	9~10月	1.4m			1
47	香桃木	桃金娘科香桃木属	Myrtus communis	蓝黑或白色	7~10月	1.2m			1
48	香彩雀	玄参科香彩雀属	Angelonia salicariifolia	淡紫色、粉紫色	1~12月	35cm	2.3	49	112
49	水果蓝	唇形科香科草属	Teucrium fruticans	淡紫色	7~8月	60cm			3
50	观赏谷子	禾本科狼尾草属	Pennisetum americarum	紫色	7~11月	70cm	3.7	25	92
51	萱草	百合科萱草属	Hemerocallis fulva	橙黄	5~7月	30cm	3.3	49	162
52	凤仙花	凤仙花科凤仙花属	Impatiens balsamina	粉红、粉紫色	7~10月	35cm	0.5	49	25
53	迷迭香	唇形科迷迭香属	Rosmarinus officinalis	蓝紫色	11月	50cm	0.7	36	25
54	金边胡颓子	胡颓子科胡颓子属	Elaeagnus pungens var. varlegata	深绿有金边	9~11月	90cm			2
55	姬小菊	菊科鹅河菊属	Brachyscome angustifolia 'Brasco Violet'	紫色	5~10月	25cm	12	64	77
56	芒草	禾本科芒属	Miscanthus sinensis	橄绿色	8~9月	1.5m			6
57	'金叶'大花六道木	忍冬科六道木属	Abelia grandiflora 'Francis Mason'	白色带粉	6~11月	60cm			1
58	朱槿	锦葵科木槿属	Hibiscus rosa-sinensis	红色	1~12月	1.2m			1
59	龙船花	茜草科龙船花属	Ixora chinensis	红、橙、黄色	3~12月	45cm	0.5	36	18
60	女贞	木犀科女贞属	Ligustrum lucidum	黄褐、灰或紫红色	5~7月	3.5m			1
61	玉簪	百合科玉簪属	Hosta plantaginea	白色	8~10月	40~80cm	1	25	25
62	艳红苋	苋科血苋属	Iresine herbstii	绿白或黄白色	9月至翌年3月	30cm	0.3	49	15
63	棣棠	蔷薇科棣棠花属	Kerria japonica	金黄色	5~6月	1.5m			1
64	扁柏	柏科侧柏属	Platycladus orientalis	紫色	4月	60cm			1

苗木表

序号	植物名称	数量	序号	植物名称	数量	序号	植物名称	数量	序号	植物名称	数量
1	八仙花	2.2m²	17	醉蝶花	2.2m²	33	五色梅	2.3m²	49	水果蓝	3株
2	南天竹	4株	18	醉鱼草	3株	34	千日红	3.2m²	50	观赏谷子	3.7m²
3	黄金菊	1.8m²	19	鼠尾草	8.9m²	35	朱蕉	2株	51	萱草	3.3m²
4	蓝冰柏	2株	20	狼尾草	8.1m²	36	斑叶芒	5株	52	凤仙花	0.5m²
5	荷兰菊	1.1m²	21	萼距花	1m²	37	朱唇	3.8m²	53	金边胡颓子	0.7m²
6	石竹	1m²	22	银边八仙花	0.4m²	38	红花檵木	4株	54	迷迭香	2株
7	彩叶草	4.5m²	23	金枝槐	1株	39	金叶女贞	2株	55	姬小菊	1.2m²
8	造型黄常杨	1株	24	玫瑰茄	2株	40	彩色杞柳	5株	56	芒草	6株
9	花叶蔓常春藤	0.7m²	25	苏铁	2株	41	粉黛乱子草	1.1m²	57	大花金叶六道木	1株
10	比格海棠	0.6m²	26	红枫	3株	42	千层金	7株	58	朱槿	1株
11	蒲苇	10株	27	美人蕉	6.6m²	43	鸟尾花	2.7m²	59	龙船花	0.5m²
12	繁星花	4m²	28	白茅	1株	44	沿阶草	3株	60	女贞	1株
13	花叶络石	1.5m²	29	堆心菊	2.2m²	45	香茶菜	1.8m²	61	玉簪	1m²
14	杜鹃	0.9m²	30	紫娇花	2.5m²	46	旱伞草	1株	62	艳红觅	0.3m²
15	金叶石菖蒲	1.4m²	31	木槿	2株	47	香桃木	1株	63	棣棠	1株
16	百日草	1m²	32	矾根	3.8m²	48	香彩雀	2.3m²	64	扁柏	1株

设计阶段图纸

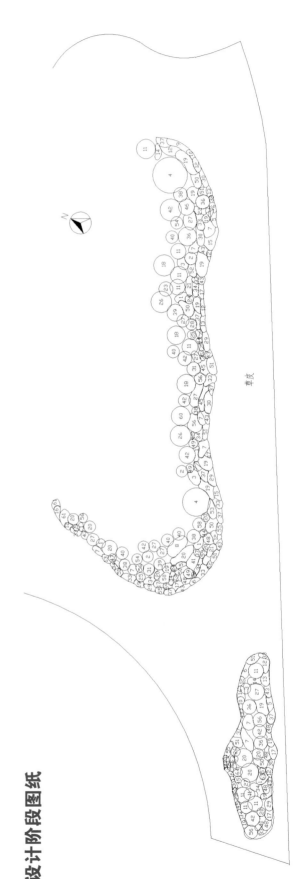

草皮

花　印象

广西农科院花卉所

花　印象

该花境主要运用了适合南宁生长的一二年生草本花卉作为花材，搭配一些芳香植物如罗勒、薰衣草等，带给游人视觉和嗅觉的双重感受。

专家点评：植物种类丰富且具有区域特色。植物更换及时，景观比较稳定。

春季实景

夏季实景

秋季实景

设计阶段图纸

6月底所用主要花卉

 1.黄金香柳　 2.茶梅　 3.假连翘　4.山茶　 5.三角梅　 6.龙舌兰　 7.红背桂　 10.'桑蓓斯'凤仙　 11.黄帝菊

12.百日草　 13.醉蝶花　14.彩叶草　 15.秋海棠　16.金叶番薯　 17.长春花　 18.紫叶酢浆草　19.鸡冠花

 20.翠芦莉　 21.杜鹃花　22.千日红　23.香彩雀　 25.罗勒　27.夏堇　31.鸟尾花

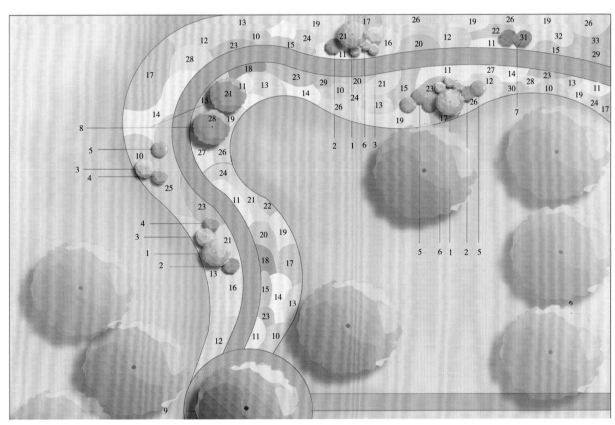

8月底主要更换花卉

 粉黛乱子草　 小花百日草　 繁星花　 多头鸡冠花　 灯心草

10月底主要更换花卉

 一串蓝　 金鱼草　 矮牵牛　 '焰火'千日红　 粉黛乱子草　 凤仙　 石竹　 乒乓菊

花境植物材料

序号	中文名	科属	拉丁名	花（叶）色	开花期	持续时间	株型	长成高度（m）	种植面积（m²）	种植密度（株/m²）	株数（株）
1	黄金香柳	桃金娘科白千层属	Melaleuca bracteata	黄色			灌木	2			3
2	茶梅	山茶科山茶属	Camellia sasanqua	粉红色	11月至翌年3月	5个月	小灌木	1.0			3
3	假连翘	马鞭草科假连翘属	Duranta repens	绿叶	5~10月	6个月	小灌木	1.0			3
4	山茶	山茶科山茶属	Camellia japonica	红色	1~4月	4个月	小灌木	1.0			2
5	三角梅	紫茉莉科叶子花属	Bougainvillea glabra	玫红色	10月至翌年6月	9个月	小灌木	1.0			5
6	龙舌兰	百合科龙舌兰属	Agave americana	黄绿色			大型草本	1.2			6
7	红背桂	大戟科海漆属	Excoecaria cochinchinensis	叶背红色			小型灌木	1.0			2
8	花叶假连翘	马鞭草科假连翘属	Duranta repens 'Variegata'	花叶	5~10月	6个月	小灌木	1.5			2
9	扶桑	锦葵科木槿属	Hibiscus rosa-sinensis	绿叶	终年	12个月	灌木篱	0.6	11.9	9	108
10	灰莉	马钱科灰莉属	Fagraea ceilanica	绿叶	观叶		灌木篱	0.6	15.1	9	135
11	杜鹃	杜鹃花科杜鹃属	Rhododendron pulchrum	花粉红色	4~5月	2个月	灌木篱	0.5	7.5	9	68
12	新几内亚凤仙	凤仙花科凤仙花属	Impatiens hawkeri	花粉红色	6~8月	3个月	分蘖性强	0.3	11.3	25	282
13	黄帝菊	菊科蜡菊属	Melampodium paludosum	花金黄色	6~9月	4个月	分枝型草花	0.2	11.8	25	295
14	百日草	菊科百日菊属	Zinnia elegans	粉色	6~9月	4个月	分枝型草花	0.4	12.3	25	307
15	醉蝶花	白花菜科白花菜属	Cleome spinosa	玫红色	6~9月	4个月	直立型草花	0.5	18.4	25	460
16	硫华菊	菊科秋英属	Cosmos sulphureus	橙色	6~8月	3个月	分枝型草花	0.6	10.9	25	272
17	秋海棠	秋海棠科秋海棠属	Begonia × benariensis	红叶红花	8~12月	5个月	分枝型草花	0.2	9.5	25	238
18	金叶番薯	旋花科番薯属	Ipomoea batatas 'Tainon No.62'	叶子黄绿色			分枝型草花	0.3	5.9	25	148
19	长春花	夹竹桃科长春花属	Catharanthus roseus	粉色	几乎全年	全年	分枝型草花	0.6	16	25	400
20	紫叶酢浆草	酢浆草科酢浆草属	Oxalis triangularis ssp. papiliona	紫叶	5~11月	7个月	匍匐型草花	0.1	2.7	36	97
21	翠芦莉	爵床科芦莉草属	Ruellia brittoniana	紫色	几乎全年	全年	匍匐型草花	0.1	5	36	180
22	千日红	苋科千日红属	Gomphrena globosa	紫色	7~10月	4个月	分枝型草花	0.8	2.8	36	100
23	紫色香彩雀	玄参科香彩雀属	Angelonia salicariifolia	紫色	4~10月	7个月	直立型草花	0.6	11.3	36	406
24	狼尾草	禾本科狼尾草属	Pennisetum alopecuroides	米白色	8~10月	3个月	分枝型	1.0	4.8	25	120

序号	中文名	科属	拉丁名	花（叶）色	开花期	持续时间	株型	长成高度（m）	种植面积（m²）	种植密度（株/m²）	株数（株）
25	罗勒	唇形科罗勒属	Ocimum basilicum	紫色	7~9月	3个月	分枝型	0.4	6.2	25	155
26	夏堇	玄参科蝴蝶草属	Torenia fournieri	粉色	5~9月	5个月	匍匐型草花	0.2	3.2	36	115
27	灯心草	灯心草科灯心草属	Juncus effusus	叶绿色				0.5	5.7	49	279
28	太阳花	马齿苋科马齿苋属	Portulaca grandiflora	红色	6~9月	4个月	匍匐型草花	0.1	2.3	49	113
29	孔雀草	菊科万寿菊属	Tagetes patula	橙色	7~9月	3个月	分枝型	0.4	1	36	36
30	鸟尾花	爵床科十字爵床属	Crossandra infundibuliformis	橙黄色	8~11月	4个月	分枝型小灌木	0.3	1.8	36	65
31	百日草	菊科百日菊属	Zinnia elegans	樱桃红	6~9月	4个月	分枝型草花	0.4	1.8	25	45
32	鸡冠花	苋科青葙属	Celosia cristata	红色	6~10月	5个月	分枝型草花	0.5	11.8	36	424
33	彩叶草	唇形科鞘蕊花属	Plectranthus scutellarioides	橙黄色	观叶	观叶	匍匐型草花	0.3	3.6	36	130
34	彩叶草	唇形科鞘蕊花属	Plectranthus scutellarioides	红色间黄色	观叶	观叶	匍匐型草花	0.3	4.5	36	162
35	小花百日草	菊科百日菊属	Zinnia elegans	红色	6~9月	4个月	匍匐型草花	0.3	4.2	36	151
36	繁星花	茜草科五星花属	Pentas lanceolata	红色	5~10月	6个月	匍匐型草花	0.3	20.4	36	734
37	粉黛乱子草	禾本科乱子草属	Muhlenbergia capillaris	粉色	9~11月	2个月		0.7	5.3	49	260
38	一串蓝	唇形科鼠尾草属	Salvia farinacea	蓝色	10月至翌年2月	5个月	直立型草花	0.7	4.9	36	176
39	金鱼草	玄参科金鱼草属	Antirrhinum majus	红色	10月至翌年2月	5个月	直立型草花	0.4	7.5	36	270
40	矮牵牛	茄科碧冬茄属	Petunia hybrida	粉色	9~12月	4个月	匍匐型草花	0.3	5	36	180
41	'焰火'千日红	苋科千日红属	Gomphrena globosa	粉色	7~10月	4个月	分枝型草花	0.8	11.3	36	407
42	洋凤仙	凤仙花科凤仙花属	Impatiens walleriana	粉色	9~12月	4个月	分枝型小灌木	0.4	5.2	36	187
43	石竹	石竹科石竹属	Dianthus chinensis	杂色	5~6月，9~10月	2个月	匍匐型草花	0.2	6.2	36	223
44	乒乓菊	菊科菊属	Chrysanthemum morifolium 'Pompon'	杂色	8~10月	3个月	分枝型草花	0.5	11.3	36	407
45	薰衣草	唇形科薰衣草属	Lavandula angustifolia	紫色	8~10月	3个月	分枝型小灌木	0.4	8	36	288
46	蛇鞭菊	菊科蛇鞭菊属	Liatris spicata	紫色	7~8月	2个月	直立型草本	1.0	2.5	16	40
47	雁来红	苋科苋属	Amaranthus tricolor	红色	6~10月	5个月	直立型草本	0.8	3.3	16	53
48	万寿菊	菊科万寿菊属	Tagetes erecta	黄色	7~9月	3个月	分枝型草花	0.4	2	36	72
49	黄槐（鸡冠花）	苋科青葙属	Celosia cristata	黄色	6~10月	5个月	分枝型草花	0.5	1.5	36	54

植物更换计划表

序号	名称	更换日期	更换原因	更新的花卉	面积（m²）	株数（株）
1	紫叶酢浆草	8月初	长势零乱，不具有观赏性	彩叶草	2.7	97
2	醉蝶花	8月初	花败	繁星花	18.4	460
3	鸡冠花（羽状）	8月初	花败	黄穗	1.5	40
4	金叶番薯	8月初	长势差	彩叶草	5.9	148
5	黄帝菊（穗状）	8月初	长势差	鸡冠花	11.8	424
6	百日草（粉色）	8月初	长势差	香彩雀	12.3	442
7	千日红（紫色）	9月初	植株倒伏	繁星花	2	72
8	蛇鞭菊	9月初	倒伏	千日红（焰火）	3.6	90
9	千日红（焰火）	10月初	倒伏	乒乓菊（杂色）	11.3	406
10	太阳花	10月初	长势差	石竹	2.3	113
11	万寿菊（橙色）	10月初	花败	孔雀草	2	72
12	千日红（焰火）	10月初	倒伏	薰衣草	8	200
13	灯心草	10月初	倒伏	粉黛乱子草	2.6	65
14	罗勒	10月初	长势差	一串蓝	4.2	105
15	秋海棠	10月初	稀疏	矮牵牛	5	125
16	翠芦莉	10月初	部分长势零乱	金鱼草	1	36
17	千日红（焰火）	10月初	倒伏	雁来红	3.3	53

更换植物清单

序号	中文名	科属	拉丁名	花（叶）色	开花期	持续时间	株型	长成高度（m）	种植面积（m²）	种植密度（株/m²）	株数（株）
1	紫色香彩雀	玄参科香彩雀属	*Angelonia salicariifolia*	紫色	4~10月	7个月	直立型草花	0.6	12.3	36	442
2	孔雀草	菊科万寿菊属	*Tagetes patula*	橙色	7~9月	3个月	分枝型	0.4	2	36	72
3	鸡冠花	苋科青葙属	*Celosia cristata*	红色	6~10月	5个月	分枝型草花	0.5	11.8	36	424
4	彩叶草	唇形科鞘蕊花属	*Plectranthus scutellarioides*	橙黄色	观叶	观叶	匍匐型草花	0.3	2.7	36	97
5	彩叶草	唇形科鞘蕊花属	*Plectranthus scutellarioides*	红色间黄色	观叶	观叶	匍匐型草花	0.3	5.9	36	212
6	繁星花	茜草科五星花属	*Pentas lanceolata*	红色	5~10月	6个月	匍匐型小灌木	0.3	20.4	36	734
7	粉黛乱子草	禾本科乱子草属	*Muhlenbergia capillaris*	粉色	9~11月	2个月		0.7	2.6	49	127
8	一串蓝	唇形科鼠尾草属	*Salvia farinacea*	蓝色	10月至翌年2月	5个月	直立型草花	0.7	4.2	36	151
9	金鱼草	玄参科金鱼草属	*Antirrhinum majus*	红色	10月至翌年2月	5个月	直立型草花	0.4	1	36	36
10	矮牵牛	茄科碧冬茄属	*Petunia hybrida*	粉色	9~12月	4个月	匍匐型草花	0.3	5	36	180
11	'焰火'千日红	苋科千日红属	*Gomphrena globosa*	粉色	7~10月	4个月	分枝型草花	0.8	3.6	36	130
12	石竹	石竹科石竹属	*Dianthus chinensis*	杂色	5~6月、9~10月	2个月	匍匐型草花	0.2	2.3	36	113
13	乒乓菊	菊科菊属	*Chrysanthemum morifolium* 'Pompon'	杂色	8~10月	3个月	分枝型草花	0.5	11.3	36	407
14	薰衣草	唇形科薰衣草属	*Lavandula angustifolia*	紫色	8~10月	3个月	分枝型小灌木	0.4	8	36	288
15	雁来红	苋科苋属	*Amaranthus tricolor*	红色	6~10月	5个月	直立型草本	0.8	3.3	16	53
16	黄穗（鸡冠花）	苋科青葙属	*Celosia cristata*	黄色	6~10月	5个月	分枝型草花	0.5	1.5	36	54

不负年轮任朝暮

合肥九狮园林建设公司

专家点评：花境与景观墙、雕塑等元素相得益彰。蜿蜒的旱溪增加了花境的流动感。

不负年轮任朝暮

当机械装置上开满鲜花，寓意着从工业瑶海到生态瑶海的变化。肆意流淌的花海，艺术造型点缀的景墙，勾画出一幅美好的画卷。时光荏苒，年轮不负，莫要辜负了这大好时光。

花境植物材料

序号	种名	科中文名	属中文名	拉丁名	面积（m²）	密度（盆/m²）	数量（盆）	规格
1	丛生福禄考	花荵科	天蓝绣球属	*Phlox subulata*	16	49	784	130#红盆
2	宿根美女樱	马鞭草科	马鞭草属	*Verbena bipinnatifida*	8	36	288	12×10营养钵
3	金叶石菖蒲	天南星科	菖蒲属	*Acorus gramineus* 'Ogan'	10	49	490	12×10营养钵
4	一叶兰	百合科	蜘蛛抱蛋属	*Aspidistra elatior*	6	9	54	21×26营养钵
5	迷迭香	唇形科	迷迭香属	*Rosmarinus officinalis*	10	36	360	120#红盆
6	花叶玉簪	百合科	玉簪属	*Hosta* 'Undulata'	6	16	96	26×21营养钵
7	银叶菊	菊科	千里光属	*Senecio cineraia*	8	36	288	120#红盆
8	羽扇豆	豆科	羽扇豆属	*Lupinus micranthus*	6	16	96	180#红盆
9	紫娇花	石蒜科	紫娇花属	*Tulbaghia violacea*	12	49	588	12×10营养钵
10	'红星'朱蕉	百合科	朱蕉属	*Cordyline australis* 'Red Star'	2	9	18	26×21营养钵
11	八宝景天	景天科	八宝属	*Hylotelephium erythrostictum*	12	36	432	12×10营养钵
12	黄金菊	菊科	梳黄菊属	*Euryops pectinatus*	18	9	162	26×21营养钵
13	金焰绣线菊	蔷薇科	绣线菊属	*Spiraea × bumalda* 'Gold Flame'	12	16	192	26×21营养钵
14	紫叶千鸟花	柳叶菜科	山桃草属	*Gaura lindheimeri* 'Crimson Bunny'	16	36	576	12×10营养钵
15	西伯利亚鸢尾	鸢尾科	鸢尾属	*Iris sibirica*	8	9	72	26×21营养钵
16	西洋滨菊	菊科	滨菊属	*Leucanthemum vulgare*	10	36	360	12×10营养钵
17	大花萱草	百合科	萱草属	*Hemerocallis middendorfii*	12	16	192	26×21营养钵
18	柳叶马鞭草	马鞭草科	马鞭草属	*Verbena bonariensis*	20	36	720	12×10营养钵
19	'金叶'美人蕉	美人蕉科	美人蕉属	*Canna generalis* 'Jinye'	12	9	108	26×21营养钵
20	翠芦莉	爵床科	芦莉草属	*Ruellia brittoniana*	18	36	648	12×10营养钵
21	大花金鸡菊	菊科	金鸡菊属	*Coreopsis grandiflora*	8	36	288	12×10营养钵
22	黄金香柳	桃金娘科	白千层属	*Melaleuca bracteata* 'Revolution Gold'			4	美植袋
23	彩叶杞柳	杨柳科	柳属	*Salix integra* 'Hakuro Nishiki'			25	30×30营养钵
24	'红王子'锦带	忍冬科	锦带花属	*Weigela florida* 'Red Prince'			6	30×30营养钵
25	红千层	桃金娘科	红千层属	*Callistemon rigidus*			20	30×30营养钵
26	'花叶'香桃木	桃金娘科	香桃木属	*Myrtus communis* 'Variegata'			5	美植袋
27	'密实'卫矛	卫矛科	卫矛属	*Euonymus alatus* 'Compacta'			2	美植袋
28	水果蓝	唇形科	香科科属	*Teucrium fruticans*			5	美植袋
29	亮金女贞	木犀科	女贞属	*Ligustrum vicaryi*			10	美植袋
30	'小兔子'狼尾草	禾本科	狼尾草属	*Pennisetum alopecuroides* 'Little Bunny'			30	18×16营养钵
31	蒲苇	禾本科	蒲苇属	*Cortaderia selloana*			15	30×30营养钵
32	'辉煌'女贞	木犀科	女贞属	*Ligustrum lucidum* 'Excelsum Superbum'			3	美植袋
33	树锦鸡儿	豆科	锦鸡儿属	*Caragana arborescens*			5	30×30营养钵

香林曲径绕芳甸

合肥九狮园林建设公司

香林曲径绕芳甸

利用卵石和植物营造出自然生态的溪流：以沙砾拟水，蕴含着极深禅意，虽无水却胜有水。给人一种"曲径通幽处，禅房花木深"的宁静感。配以棒棒糖造型的红花檵木，更具有灵动性。

设计阶段图纸

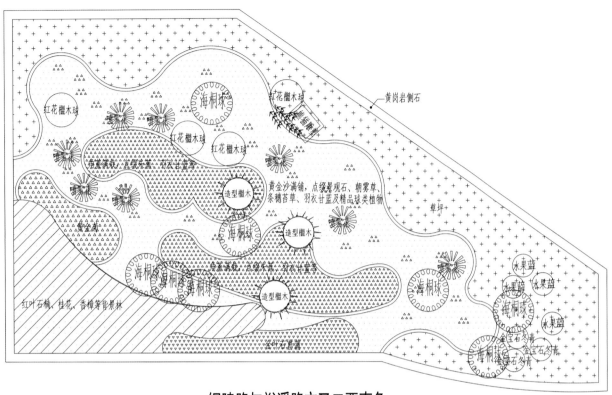

铜陵路与裕溪路交叉口西南角

花境植物材料

序号	种名	科中文名	属中文名	拉丁名	规格	面积（m²）	密度（盆/m²）	数量	单位
1	'棒棒糖'红花檵木	金缕梅科	檵木属	*Loropetalum chinense* var. *rubrum*				3	株
2	喷雪花	蔷薇科	绣线菊属	*Spiraea thunbergii*				7	株
3	水果蓝	唇形科	香科科属	*Teucrium fruticans*	H30-35P40-45			3	株
4	'金宝石'冬青	冬青科	冬青属	*Ilex crenata.* 'Golden Gem'	H30-35P40-45			3	株
5	亮金女贞	木犀科	女贞属	*Ligustrum vicaryi*	H30-35P40-45			3	株
6	'红星'朱蕉	百合科	朱蕉属	*Cordyline australis* 'Red Star'	26×21营养钵	3	16	48	盆
7	细叶银蒿	菊科	蒿属	*Artemisia schmidtianai*	H10-15P25-30	5	25	125	盆
8	条穗薹草	莎草科	薹草属	*Carex nemostachys*	18×16营养钵	5	25	125	盆
9	金叶石菖蒲	天南星科	菖蒲属	*Acorus gramineus* 'Ogan'	12×10营养钵	20	60	1200	盆
10	角堇	堇菜科	堇菜属	*Viola cornuta*	120#红盆	15	50	750	盆
11	火焰南天竹	小檗科	南天竹属	*Nandina domestica*	H20-25P25-30	3	25	75	盆
12	黄金菊	菊科	梳黄菊属	*Euryops pectinatus*	26×21营养钵	8	50	400	盆
13	千叶兰	蓼科	千叶兰属	*Muehlewbeckia complera*	H10-15P25-30	15	50	750	盆
14	羽衣甘蓝	十字花科	芸薹属	*Brassica oleracea* var. *acephala* f. *tricolor*	120#红盆	8	40	320	盆

专家点评：仿岩石园设计，给植物留足了生长空间。花境边缘线条流畅，与砾石旱溪相映成趣。

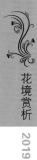

小舟一叶弄沧浪

合肥九狮园林建设公司

专家点评：植物生长空间充足，覆盖物颜色与植物对比强烈。小船既是栽培容器，又起到点题作用。

小舟一叶弄沧浪

花境作品位于瑶海凤阳东路与东二环交口，少儿艺校旁。面积约 1200m²，结合场地条件，与周边环境相协调，体现花境的自然美、群体美、季相美和艺术美。当少年怀揣梦想上路，带着乘风破浪的气魄，定会踏出一路风光。船形小品，托举和平鸽的少年，艺术化地呈现花海里扬帆起航的设计主题，季相变幻的植物更替，注定了这将是一场不平凡的旅程。前行的道路，蜿蜒曲折，以常绿树为背景，结合高低起伏的林缘线，设计弯曲延展的自然式花带。利用花灌木、宿根花卉、一二年生花卉等的不同生长特性，营造出自然风景中花卉的生长模式，展现植物个体美和群体美。此外运用多种观赏草，根据各类观赏草的不同长势特征，营造出充满自然野趣的环境，尤其是秋冬季表现最佳。大部分观赏草适应性强，不择土壤，抗病性强，既可以达到充满野趣的环境，又能起到养护简便易打理的作用，也是近些年来比较流行的一类植物。确保四季有景、三季有花，一年四季绵延不绝。

花境植物材料

序号	种名	科中文名	属中文名	拉丁名	面积（m²）	密度（株/m²）	数量（株）	容器规格
1	美女樱	马鞭草科	马鞭草属	*Verbena hybrida*	12	40	480	120#红盆
2	银叶菊	菊科	千里光属	*Senecio cineraia*	15	40	600	120#红盆
3	'金叶'石菖蒲	天南星科	菖蒲属	*Acorus gramineus* 'Ogan'	13	49	637	12×10营养钵
4	羽扇豆	豆科	羽扇豆属	*Lupinus micranthus*	5	16	80	180#红盆
5	'金焰'绣线菊	蔷薇科	绣线菊属	*Spiraea × bumalda* 'Gold Flame'	6	16	96	26×21营养钵
6	黄金菊	菊科	梳黄菊属	*Euryops pectinatus*	18	16	288	26×21营养钵
7	墨西哥鼠尾草	唇形科	鼠尾草属	*Salvia leucantha*	20	16	320	26×21营养钵
8	大花飞燕草	毛茛科	翠雀属	*Delphinium grandiflorum*	3	16	48	180#红盆
9	毛地黄	玄参科	毛地黄属	*Digitalis purpurea*	3	16	48	180#红盆
10	蓝花鼠尾草	唇形科	鼠尾草属	*Salvia farinacea*	4	40	160	120#红盆
11	德国鸢尾	鸢尾科	鸢尾属	*Iris germanica*	5	25	125	18×16营养钵
12	庭菖蒲	鸢尾科	庭菖蒲属	*Sisyrinchium rosulatum*	2	25	50	1加仑盆
13	荷兰鼠刺	虎耳草科	鼠刺属	*Itea virginica* 'Henrys Garnet'	8	7	56	美植袋
14	水果蓝	唇形科	香科科属	*Teucrium fruticans*	5	12	60	1加仑盆
15	粉黛乱子草	禾本科	乱子草属	*Muhlenbergia capillaris*	12	12	144	1加仑盆
16	'红星'朱蕉	百合科	朱蕉属	*Cordyline australis* 'Red Star'	5	16	80	26×21营养钵
17	'火焰'南天竹	小檗科	南天竹属	*Nandina domestica*	5	25	125	1加仑盆
18	西伯利亚鸢尾	鸢尾科	鸢尾属	*Iris sibirica*	5	16	80	26×21营养钵
19	月季	蔷薇科	蔷薇属	*Rosa chinensis*	12	30	360	120#红盆
20	条穗薹草	莎草科	薹草属	*Carex nemostachys*	2	25	50	18×16营养钵
21	紫红钓钟柳	玄参科	钓钟柳属	*Penstemon gloxinioides*	8	50	400	120#红盆
22	紫娇花	石蒜科	紫娇花属	*Tulbaghia violacea*	5	50	250	12×10营养钵
23	'甜心'玉簪	百合科	玉簪属	*Hosta* 'So Sweet'	5	50	250	26×21营养钵
24	矾根	虎耳草科	矾根属	*Heuchera micrantha*	10	40	400	120#红盆
25	角堇	堇菜科	堇菜属	*Viola cornuta*	15	50	750	120#红盆
26	羽衣甘蓝	十字花科	芸薹属	*Brassica oleracea* var. *acephala* f. *tricolor*	8	40	320	120#红盆
27	紫罗兰	十字花科	紫罗兰属	*Matthiola incana*	6	40	240	12×10营养钵
28	须苞石竹	石竹科	石竹属	*Dianthus barbatus*	10	50	500	120#红盆
29	蓝叶忍冬	忍冬科	忍冬属	*Lonicera korolkowii*			3	美植袋
30	黄金香柳	桃金娘科	白千层属	*Melaleuca bracteata* 'Revolution Gold'			9	30×28营养钵
31	粉花刺玫	蔷薇科	蔷薇属	*Rosa davurica*			3	美植袋
32	彩叶杞柳	杨柳科	柳属	*Salix integro* 'Hakuro Nishiki'			3	美植袋
33	'金叶'接骨木	忍冬科	接骨木属	*Sambucus racemosa* 'Plumosa Aurea'			5	30×28营养钵
34	树锦鸡儿	豆科	锦鸡儿属	*Caragana arborescens*			5	30×28营养钵
35	'辉煌'女贞	女贞科	女贞属	*Ligustrum lucidum* 'Excelsum Superbum'			6	美植袋
36	紫珠	紫珠科	紫珠属	*Callicarpa bodinieri*			21	美植袋
37	'密叶'卫矛	卫矛科	卫矛属	*Euonymus alatus* 'Compacta'			15	26×21营养钵
38	柳枝稷	禾本科	黍属	*Panicum virgatum*			20	26×21营养钵
39	蒲苇	禾本科	蒲苇属	*Cortaderia selloana*			15	26×21营养钵
40	粉美人蕉	美人蕉科	美人蕉属	*Canna glauca*			30	美植袋
41	亮金女贞	女贞科	女贞属	*Ligustrum vicaryi*			12	美植袋
42	'花叶'香桃木	桃金娘科	香桃木属	*Myrtus communis* 'Variegata'			9	美植袋
43	金叶丝兰	百合科	丝兰属	*Yucca smalliana*			30	26×21营养钵

岁月流年

天津市园林花圃

岁月流年

花境栽植地形类似"U"形，一条路出现两个拐角，在用季相表现人生的不同阶段的同时，也利用两个拐点表现出少年到青年与中年到老年的人生两个转折点。

专家点评：借助植物语言，较好地阐述了花境作品的主题。春天的生机、夏季的繁荣和秋季的饱满，勾勒出较为鲜明的季相。

春季实景

夏季实景

秋季实景

花境植物材料

序号	中文名	拉丁名	科	属	颜色	花期
1	细叶美女樱（紫）	*Verbena tenera*	马鞭草科	马鞭草属	紫色	6~9月
2	孔雀草	*Tagetes patula*	菊科	万寿菊属	橘色	一年生草本
3	鸡冠花	*Celosia cristata*	苋科	青葙属	红色	一年生草本
4	蓝花鼠尾草	*Salvia farinacea*	唇形科	鼠尾草属	蓝色	一年生草本
5	大花萱草	*Hemerocallis fulva*	百合科	萱草属	红色	6~8月
6	金叶薯	*Ipomoea batatas*	旋花科	番薯属	金黄色	观叶
7	五色梅	*Lantana camara*	马鞭草科	马缨丹属	多色	常年不间断
8	墨西哥鼠尾草	*Salvia leucantha*	唇形科	鼠尾草属	蓝紫色	7~10月
9	细叶美女樱（玫红）	*Verbena tenera*	马鞭草科	马鞭草属	玫红色	6~9月
10	夏堇	*Torenia fournieri*	玄参科	蝴蝶草属	淡粉色	7~9月
11	荷兰菊	*Aster novi-belgii*	菊科	紫菀属	紫色	9~10月
12	'和蔼'金鸡菊	*Coreopsis grandiflora* 'Sonnenkind'	菊科	金鸡菊属	黄色	5~9月

设计阶段图纸

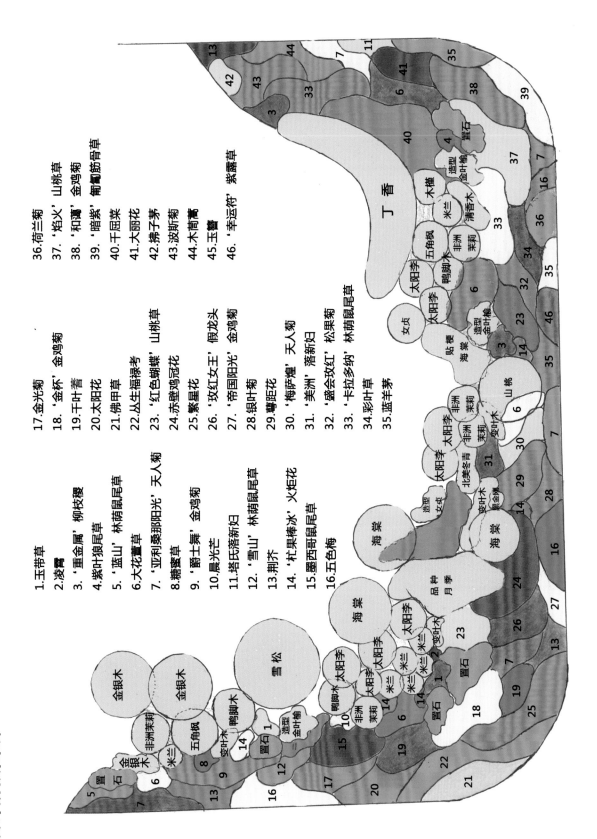

1.王带草
2.凌霄
3.‘重金属’柳枝稷
4.紫叶狼尾草
5.‘蓝山’林荫鼠尾草
6.大花萱草
7.‘亚利桑那阳光’天人菊
8.糖蜜草
9.爵士舞’金鸡菊
10.晨光芒
11.‘塔氏洛新妇
12.‘雪山’林荫鼠尾草
13.荆芥
14.‘杜果棒冰’火炬花
15.墨西哥鼠尾草
16.五色梅

17.金光菊
18.‘金杯’金鸡菊
19.千叶蓍
20.太阳花
21.佛甲草
22.丛生福禄考
23.‘红色蝴蝶’山桃草
24.赤壁鸡冠花
25.繁星花
26.‘玫红女王’假龙头
27.‘帝国阳光’金鸡菊
28.银叶菊
29.萼距花
30.‘美洲’落新妇
31.‘盛会玫红’松果菊
32.‘卡拉多纳’林荫鼠尾草
33.彩叶草
34.
35.蓝羊茅

36.荷兰菊
37.‘焰火’山桃草
38.‘和谐’金鸡菊
39.‘暗紫’葡匐筋骨草
40.千屈菜
41.大丽花
42.拂子茅
43.波斯菊
44.木茼蒿
45.玉簪
46.‘幸运符’紫露草

路缘花境

101

径隐山林在市城

合肥九狮园林建设公司

专家点评：这是将传统园林与花境相结合的大胆尝试。文化墙、斧劈石剑峰绝壁搭配岩生花境植物，别有情趣。

径隐山林在市城

　　将传统园林与花境相结合，这是一次大胆的创新与尝试。斧劈石修长、刚劲，做成剑峰绝壁景观融入花境之中，尤其雄秀自然。再搭配岩生的花境植物，别有一番趣味。

设计阶段图纸

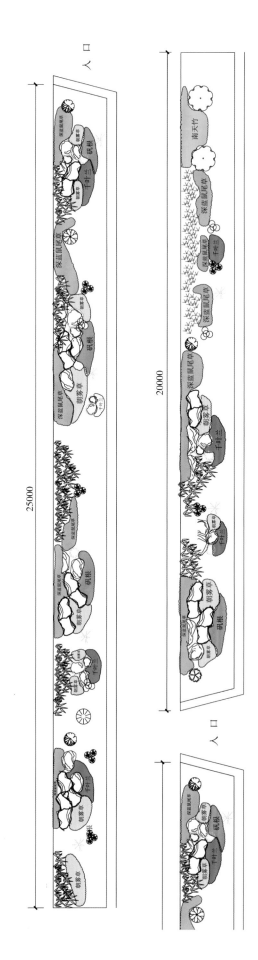

花境植物材料

序号	种名	科中文名	属中文名	拉丁名	规格	容器	面积（m²）	密度（株/m²）	数量（株）
1	千叶兰	蓼科	千叶兰属	Muehlewbeckia complexa	H10-15P25-30	26×21	5	16	80
2	细叶银蒿	菊科	蒿属	Artemisia schmidtianai	H10-15P25-30	26×21	5	9	45
3	矾根	虎耳草科	矾根属	Heuchera micrantha	H10-15P15-20	120#	8	16	128
4	百子莲	石蒜科	百子莲属	Agapanthus africanus	H20-25P25-30	26×21	5	16	80
5	金边丝兰	百合科	丝兰属	Yucca smalliana	H25-30P35-40	布袋	1	6	6
6	玉簪	百合科	玉簪属	Hosta plantaginea	H10-15P25-30	26×21	2	16	32
7	庭菖蒲	鸢尾科	庭菖蒲属	Sisyrinchium rosulatum	H25-30P20-25	1加仑	1	16	16
8	凤仙	凤仙花科	凤仙花属	Impatiens balsamina	H10-15P15-20	120#	2	40	80
9	'火焰'南天竹	小檗科	南天竹属	Nandina domestica	H20-25P25-30	2加仑	2	9	18
10	深蓝鼠尾草	唇形科	鼠尾草属	Salvia guaranitica 'Black and Blue'	H20-25P25-30	26×21	8	9	72
11	皇帝菊	菊科	蜡菊属	Melampodium paludosum 'Lemon Delight'	H10-15P15-20	120#	6	40	240
12	'小丑'火棘	蔷薇科	火棘属	Pyracantha fortuneana 'Harlequin'	H25-30P35-40	5加仑	5		5
13	水果蓝	唇形科	香科科属	Teucrium fruticans	H30-35P40-45	布袋	5		5
14	'密实'卫矛	卫矛科	卫矛属	Euonymus alatus 'Compacta'	H100-120P100-120	布袋	1		1
15	粉花溲疏	虎耳草科	溲疏属	Deutzia rubens	H30-40P30-40	30×30	3		3
16	穗花牡荆	马鞭草科	牡荆属	Vitex agnus-castus	H80-100P80-100	布袋	1		1
17	紫竹	禾本科	刚竹属	Phyllostachys nigra	60杆H250				60
18	凤尾竹	禾本科	簕竹属	Bambusa multiplex 'Fernleaf'	20丛H100				16丛
19	蜡梅	蜡梅科	蜡梅属	Chimonanthus praecox	H80-100P80-100				3

林中小憩

安徽天辰园林工程有限公司

春季实景

夏季实景

专家点评：台式花境种植床与园林座椅互为呼应。冷暖色调对比，增强了景观的视觉效果。

秋季实景

秋季实景

林中小憩

通过宿根花卉科学配置，突出四季景观变化，三季有景、四季常青。在中心城区打造精品花境景观，有效柔和原有规则式道路绿化，增添了自然野趣。

花境植物材料

序号	园建部分	单位	数量
1	景石	t	5
2	小品	项	1
3	体闲椅	项	3
4	园路铺装	m²	120
5	园路基础	m²	120
6	地面艺术拼装	m²	20
7	鹅卵石	袋	50
8	挡墙	立方	10
9	景观石笼	项	2
10	配电箱艺术彩绘	项	1
11	果壳覆盖物	m²	15
12	护栏	m	50
13	分隔板	m	60
14	护栏拆除	项	1
16	地形改造及回填土方	m²	525
17	花境专项	m²	220
18	其他种植	m²	50
19	苗木移植	项	1
20	苗木修剪整形	项	1
21	造型树桩	棵	3
22	草坪	m²	80
24	给排水	项	1
25	照明	项	1
26	其他	项	1

植物更换计划表

序号	种类	规格（cm）
	3月中上旬	
1	风铃草	180盆
2	佛甲草	12×10营养钵
3	金龟草	12×10营养钵
4	勋章菊	12×10营养钵
5	羽扇豆	180盆
	6月中上旬	
1	繁星花	12×10营养钵
2	千日红	12×10营养钵
3	五色梅	12×10营养钵
4	夏堇	12×10营养钵
5	香彩雀	12×10营养钵
	9月下旬	
1	荷兰菊	150盆
2	蓝花鼠尾草	130#红盆
3	蓝雪花	180盆
4	美女樱	12×10营养钵
5	一串红	12×10营养钵
	11月下旬	
1	角堇	120盆
2	石竹	12×10营养钵
3	宿根雏菊	12×10营养钵
4	羽衣甘蓝	21×26营养钵
5	紫罗兰	12×10营养钵

设计阶段图纸

景观原貌

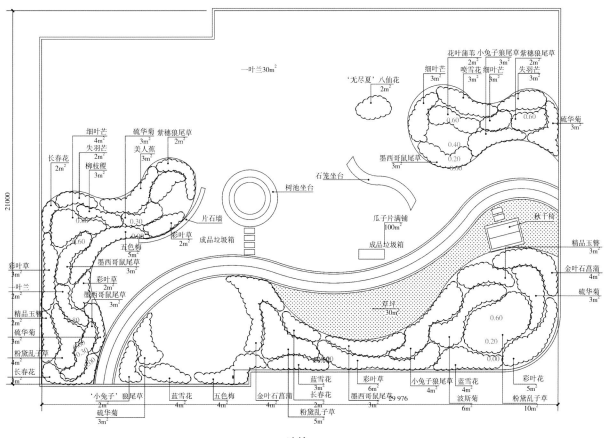

一叶兰30m²

'无尽夏' 八仙花
2m²

花叶蒲苇 小兔子狼尾草紫穗狼尾草
细叶芒   2m²
3m²   喷雪花 细叶芒   失羽芒
2m²   8m²   3m²

细叶芒
4m²
失羽芒
2m²   硫华菊
3m²

长春花   柳枝樱   硫华菊   紫穗狼尾草
2m²   3m²   3m²   2m²
美人蕉
3m²

石笼坐台
墨西哥鼠尾草
3m²

树池坐台

片石墙

彩叶草
2m²   成品垃圾箱

瓜子片满铺
100m²

成品垃圾箱

秋千椅

精品玉簪
3m²

金叶石菖蒲
4m²

硫华菊
3m²

彩叶草
2m²
一叶兰
2m²
精品玉簪
2m²
硫华菊

粉黛乱子草

长春花

五色梅
5m²
墨西哥鼠尾草
3m²
彩叶草
2m²
墨西哥鼠尾草
3m²

草坪
30m²

'小兔子' 狼尾草
2m²
硫华菊
3m²

蓝雪花
4m²

五色梅
4m²

金叶石菖蒲
4m²
长春花
粉黛乱子草

蓝雪花   彩叶草   小兔子狼尾草   蓝雪花   彩叶草
       3m²   4m²   3m²   5m²

墨西哥鼠尾草
3m²
波斯菊
3m²
粉黛乱子草
10m²

地块一

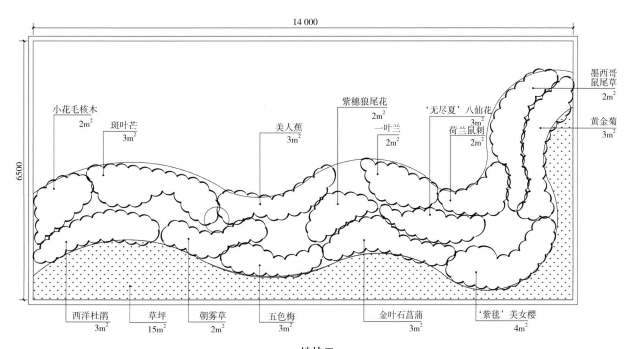

墨西哥
鼠尾草
2m²

小花毛核木
2m²
斑叶芒
3m²

美人蕉
3m²

紫穗狼尾花
2m²
一叶兰
2m²

'无尽夏' 八仙花
2m²
荷兰鼠刺
2m²

黄金菊
3m²

西洋杜鹃
3m²
草坪
15m²
朝雾草
2m²
五色梅
3m²
金叶石菖蒲
3m²
'紫毯' 美女樱
4m²

地块二

111

棕榈沙丘

安徽天辰园林工程有限公司

棕榈沙丘

通过对地形的改造，结合原有的棕榈等植物，营造出沙丘花境野趣的地域特色，形成沙丘小园的景观带。

专家点评： 以火山岩覆盖和棕榈为骨架植物阐述作品主题。

春季实景

夏季实景

秋季实景

花境植物材料

（续）

序号	园建部分	单位	数量
1	景石	t	5
2	小品	项	1
3	护栏	m	35
4	分隔板	m	10
7	地形改造及回填土方	m²	63
8	花境专项	m²	55
9	其他种植	m²	8
10	苗木移植	项	1
11	彩叶球类	项	3
14	给排水	项	1
15	照明	项	1
16	其他	项	1

序号	种类	规格（cm）
4	勋章草	12×10营养钵
5	羽扇豆	180盆
6月中上旬		
1	繁星花	12×10营养钵
2	千日红	12×10营养钵
3	五色梅	12×10营养钵
4	夏堇	12×10营养钵
5	香彩雀	12×10营养钵
9月下旬		
1	荷兰菊	150盆
2	蓝花鼠尾草	130#红盆
3	蓝雪花	180盆
4	美女樱	12×10营养钵
5	一串红	12×10营养钵
11月下旬		
1	角堇	120盆
2	石竹	12×10营养钵
3	宿根雏菊	12×10营养钵
4	羽衣甘蓝	21×26营养钵
5	紫罗兰	12×10营养钵

植物更换计划表

序号	种类	规格（cm）
3月中上旬		
1	风铃草	180盆
2	佛甲草	12×10营养钵
3	金龟草	12×10营养钵

设计阶段图纸

景观原貌

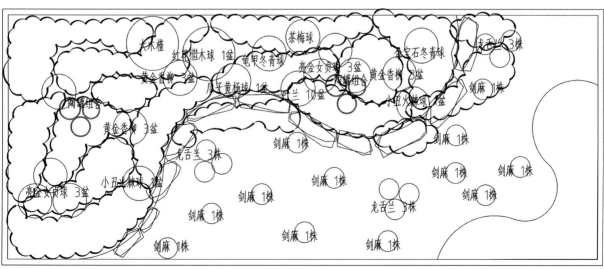

"慢生活"

合肥植物园

"慢生活"

采用"小中见大"的设计手法将花境与环境有机相融，使得背景树群成为花境的借景，成就了花境的空间感，延长了视距。步石园路将花境构成一个半围合空间，可游可赏，体现"慢生活"的意境与氛围。

春季实景

夏季实景

专家点评： 欧洲水仙、大花葱等球根花卉构成春末夏初独特的花境景观。植物生长空间充足，长势良好。

秋季实景

花境植物材料

序号	植物	学名	科名	类型	花期*	备注
1	粉花溲疏	Deutzia rubens	虎耳草科	落叶灌木	5~6月	
2	喷雪花	Spiraea thunbergii	蔷薇科	落叶灌木	3~4月	
3	微型月季	Rosa hybrida 'Minima'	蔷薇科	落叶灌木	4~12月	
4	西洋杜鹃	Rhododendron hybrida	杜鹃花科	常绿灌木	10~11月	
5	银姬小蜡	Ligustrum sinense 'Variegatum'	木犀科	常绿灌木	—	彩叶植物
6	金冠女贞	Ligustrum vicaryi 'Jinguan'	木犀科	常绿灌木	—	彩叶植物
7	澳洲'红星'朱蕉	Cordyline australis 'Red star'	百合科	常绿灌木	—	彩叶植物
8	结香	Edgeworthia chrysantha	瑞香科	落叶灌木	2~3月	
9	多花筋骨草	Ajuga multiflora	唇形科	宿根	4~5月	彩叶植物
10	紫红钓钟柳	Penstemon gloxinioides	玄参科	宿根	5~6月	彩叶植物
11	毛地黄叶钓钟柳	Penstemon laevigatus ssp. digitalis	玄参科	宿根	5~6月	
12	荷兰菊	Aster novi-belgii	菊科	宿根	6月、10月	
13	紫松果菊	Echinacea purpurea	菊科	宿根	6~7月	
14	火炭母	Polygonum chinense	蓼科	宿根	6~7月	彩叶植物
15	玉蝉花	Iris ensata	鸢尾科	宿根	4~5月	
16	花叶玉蝉花	Iris ensata 'Variegatus'	鸢尾科	宿根	5月	彩叶植物
17	鸢尾	Iris tectorum	鸢尾科	宿根	4~5月	
18	'玛多娜'景天	Sedum 'Matrona'	景天科	宿根	9~10月	彩叶植物
19	金叶石菖蒲	Acorus gramineus 'Ogon'	天南星科	宿根	6~9月	彩叶植物
20	'小兔子'狼尾草	Pennisetum alopecuroides 'Little Bunny'	禾本科	宿根	9~10月	观赏草
21	矮蒲苇	Cortaderia selloana	禾本科	宿根	9~10月	观赏草
22	矢羽芒	Miscanthus sinensis var. purpurascens	禾本科	宿根	9~10月	观赏草
23	金叶薹草	Carex oshimensis 'Evergold'	莎草科	宿根	—	彩叶植物
24	墨西哥鼠尾草	Salvia leucantha	唇形科	宿根	9~11月	
25	矾根	Heuchera micrantha	虎耳草科	宿根	4~5月	彩叶植物
26	万年青	Rohdea japonica	百合科	宿根	6~7月	观叶植物
27	大花萱草	Hemerocallis middendorfii	百合科	球根	4~5月	
28	大花葱	Allium giganteum	百合科	球根	4~5月	
29	洋水仙	Narcissus pseudonarcissus	石蒜科	球根	2~4月	

*注：部分观叶为主的植物未列花期。

薰·相映

湖北薰香悦农业公园有限公司

春季实景

薰·相映

"薰·相映"花境坐落于湖北薰香悦农业公园内。湖北薰香悦农业公园是集文娱农业、休闲观光、文创于一体的景区。本花境位于公园大门入口处，为游客入园的第一眼所见，提供了一种温馨和谐、身心愉悦的感觉。

在花境中心是4棵修剪成企鹅形状的女贞，企鹅一家四口其乐融融。每当朝阳初升、霞光照耀大地时，美人蕉的妖娆、紫娇花的娇俏、大花六道木的清新与蓝叶金光菊一同绽放出绚丽的光彩和蓬勃的生命力。

本花境以佛甲草、金叶薹草、金边麦冬作为前景，蓝叶金光菊、紫娇花、美人蕉、松果菊、鼠尾草等作为中层，大花六道木、南天竹、紫薇、蒲苇等作为背景，整体显得层次错落有致。宿根花卉、灌木、观赏草等多种类的植物组合让花境形态丰富，给人们丰富的视觉享受，使得游客一入景区就融入自然、和谐、花香芬芳的野趣之中。

专家点评：利用植物的特性构建花境的前、中、后景，景观层次丰富，错落有致。

夏季实景

秋季实景

设计阶段图纸

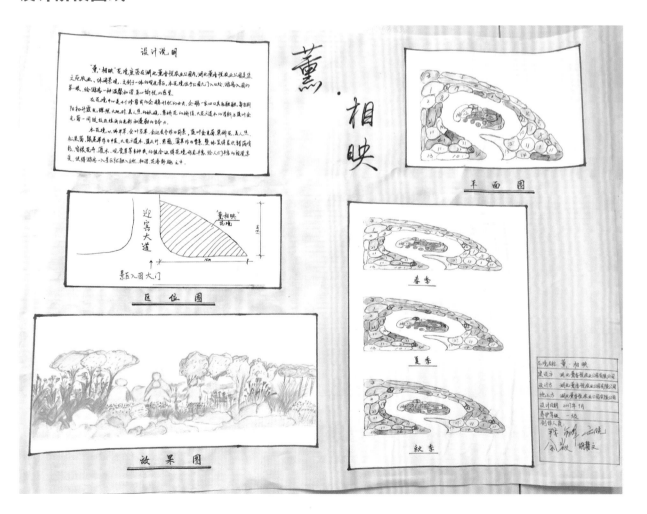

花境植物材料

序号	植物名称	拉丁名	花色	花期（月）	高度（cm）	种植面积（m²）	种植密度（株/m²）	株数	科属
1	'矮'蒲苇	Cortaderia selloana 'Pumila'	白色	9~10	120	6	2	12	禾本科蒲苇属
2	'银姬'小蜡	Ligustrum sinense 'Variegatum'	常绿	4~6	120	4	1	7	木犀科女贞属
3	日本矮紫薇	Lagerstroemia indica	桃红、粉白色	6~10	40~60	2	5	10	千屈菜科紫薇属
4	南天竹	Nandina domestica	常绿	5~6	50	5	20~25	100	小檗科南天竹属
5	紫薇	Lagerstroemia indica	玫红、粉红色	6~9	300	11	3	33	千屈菜科紫薇属
6	天蓝鼠尾草	Salvia officinalis	蓝紫、粉紫色	8	30~90	4	35~40	160	唇形科鼠尾草属
7	松果菊	Echinacea purpurea	粉、白色	6~7	80~120	4	25	100	菊科松果菊属
8	花叶美人蕉	Canna glauca	红色、奶黄色	5~10	150~200	4	20	80	美人蕉科美人蕉属
9	紫娇花	Tulbaghia violacea	紫色	5~7	30~50	5	40	200	石蒜科紫娇花属
10	蓝叶金光菊	Rudbeckia hirta	黄色	5~7	40~100	4	30~35	125	菊科金光菊属
11	金边胡颓子	Elaeagnus pungens var. variegata	常绿	9~11	100~200	5	1	5	胡颓子科胡颓子属
12	'金叶'薹草	Carex oshimensis 'Evergold'	绿色	4~5	15~20	1	25	25	莎草科薹草属
13	佛甲草	Sedum lineare	黄色	4~5	5~10	2.8	50~60	120	景天科景天属
14	金边山麦冬	Liriope spicata var. variegata	红、紫色	6~9	30	4	30~40	130	百合科山麦冬属
15	女贞（企鹅小品）	Ligustrum lucidum	常绿	5~7	150~200	4	1	4	木犀科女贞属
16	牵牛花	Pharbitis nil	绯红色	3~4	5~40	2	20	40	旋花科牵牛属
17	金边凤尾兰	Yucca gloriosa	乳白色	6~10	30	1	10	7	百合科丝兰属
18	狼尾草	Pennisetum alopecuroides	黄色	6~9	15~30	2	10~20	25	禾本科狼尾草属
19	大花六道木	Abelia × grandiflora	粉、白色	6~11	60	2	10~20	20	忍冬科六道木属
20	百日草	Zinnia elegans	红、粉、黄、白色	7~10	25~120	10	15~20	160	菊科百日菊属
21	紫叶美人蕉	Canna warszewiczii	紫色	6~11	150	2	20	40	美人蕉科美人蕉属
22	'晨光'芒	Miscanthus sinensis 'Morning Light'	白色	7~11	60	3	5	15	禾本科芒属
23	吊竹梅	Tradescantia zebrina	紫色	6~8	5~20	6	7	40	鸭跖草科吊竹梅属
24	满天星	Gypsophila paniculata	紫色	6~8	30~40	3	10	25	石竹科石头花属
25	彩叶草	Plectranthus scutellarioides	红、绿、紫色	7~11	20~40	2	25	48	唇形科鞘蕊花属
26	秋海棠	Begonia grandis	红色	7~9	20~40	3	20	65	秋海棠科秋海棠属
27	萱草	Hemerocallis fulva	黄、粉色	5~6	20~50	3	5~6	16	百合科萱草属

说明：
1、春夏季的10号植物在秋季换成24号、25号、26号植物；
2、春夏季的12号植物在秋季换成23号植物。

花海之舟

盐城市大丰区裕丰绿化工程有限公司

春季实景

夏季实景

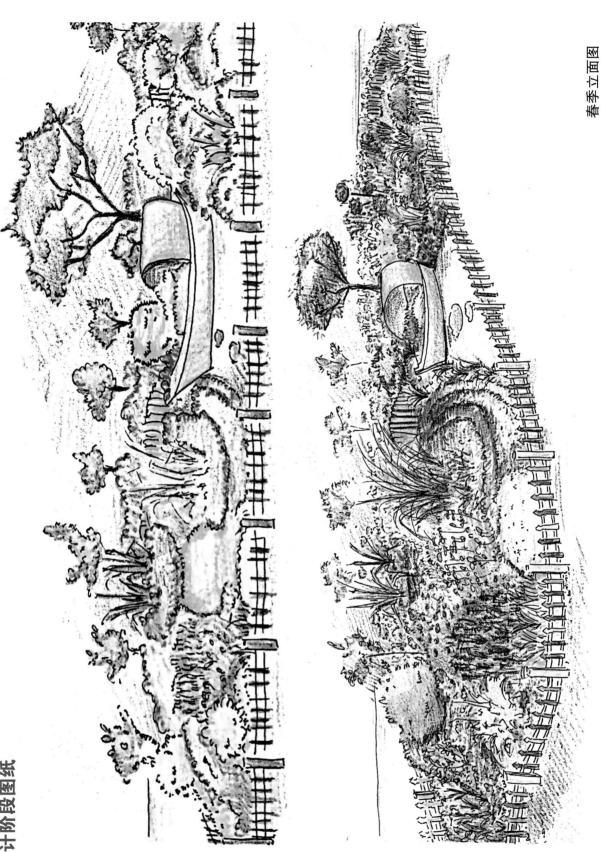

春季立面图

设计阶段图纸

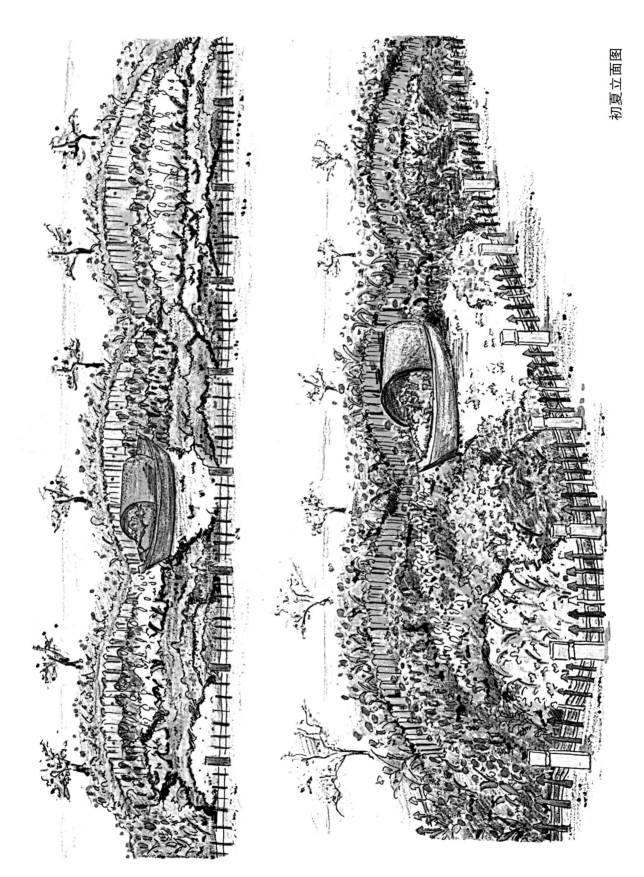

北

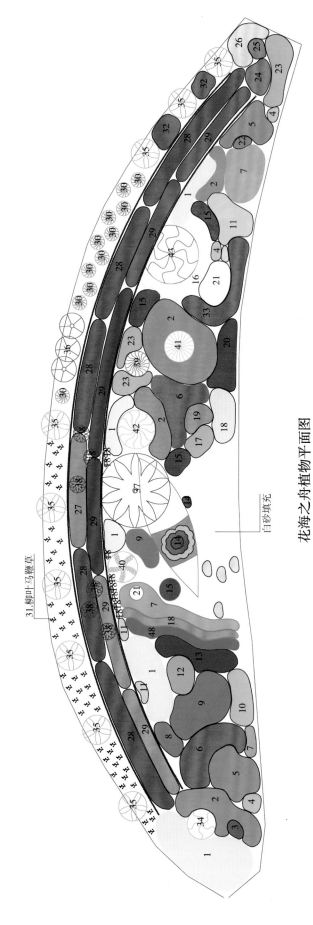

花海之舟平面图1-春季

31.柳叶马鞭草

白砂填充

花海之舟植物平面图

花海之舟植物名称表

1.金鸡菊	2.八仙花	3.飞燕草	4.玉簪	5.穗花婆婆纳	6.'梅萨'天人菊	7.蓝羊茅
8.黄菖蒲	9.维多利亚鼠尾草	10.佛甲草	11.花叶蔓长春	12.矮蒲苇	13.宿根六倍利	14.矾根	15.超级海棠（红）
16.超级海棠（粉）	17.萱草	18.过路黄	19.大丽花	20.美女樱	21.墨西哥羽毛草	22.粉黛乱子草	23.百合
24.'湾流'南天竹	25.地被菊	26.银叶菊	27.毛地黄	28.羽扇豆	29.矮牵牛	30.美人蕉	31.柳叶马鞭草
32.'色素'万寿菊	33.千日红	34.'小丑'火辣	35.五彩锦带树	36.'天鹅绒'紫薇	37.红枫（大）	38.红枫（小）	39.川滇蜡树
40.'火焰'卫矛	41.花叶卫矛	42.小叶女贞	43.三角梅	44.超级牵牛	45.树状月季	46.常春藤	47.'百万小铃'舞春花
48.藿香蓟							

花海之舟平面图2-夏季

31.柳叶马鞭草

北

白砂黄元

花海之舟植物平面图

花海之舟植物名称表

1.金鸡菊	2.八仙花	3.飞燕草	换3.墨西哥鼠尾草	4.玉簪	5.婆婆纳	6.'梅萨'天人菊	7.蓝羊茅
8.黄菖蒲	9.维多利亚鼠尾草	10.佛甲草	11.花叶蔓长春	12.矮蒲苇	13.宿根六倍利	14.矾根	15.超级海棠（红）
16.超级海棠（粉）	17.萱草	18.过路黄	19.大丽花	20.美女樱	21.墨西哥羽毛草	22.粉黛乱子草	23.百合
24.'湾流'南天竹	25.地被菊	26.银叶菊	27.毛地黄	29.湿鼠豆	29.矮牵牛	30.美人蕉	31.柳叶马鞭草
32.'色素'万寿菊	33.千日红	34.'小丑'火棘	35.五彩络带树	36.'天鹅绒'紫薇	37.红枫（大）	38.红枫（小）	39.川滇蜡树
40.'火焰'卫矛	41.花叶卫矛	42.小叶女贞	43.三角梅	44.超级牵牛	45.树状月季	46.常春藤	47.'百万小铃'舞春花
48.藿香蓟							

花海之舟平面图3-秋季

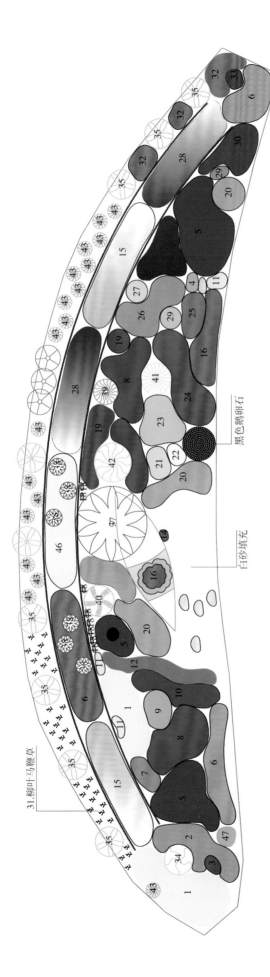

北

花海之舟植物平面图

黑色鹅卵石

白砂填充

31.柳叶马鞭草

花海之舟植物名称表

1.金鸡菊	2.八仙花	3.长夜狼尾草	4.玉簪	5.鸡冠花	6.百合（荒漠）	7.黄菖蒲	8.维多利亚鼠尾草
9.矮蒲苇	10.超级海棠（红）	11.花叶蔓长春	12.藿香蓟	13.'小兔子' 狼尾草	14.矾根	15.百合（美丽少女）	16.'黑心'金光菊
17.佛甲草黄	18.过路黄	19.墨西哥鼠尾草	20.有机覆盖物	21.萱草	22.'梅萨' 天人菊	23.蓝雪花	24.香彩雀
25.坡地毛冠草	26.四季海棠（粉）	27.斑叶芒	28.百合（巴拉圭）	29.粉黛乱子草	30.千日红	31.柳叶马鞭草	32.'色素' 万寿菊
33.朱蕉	34.'小丑' 火辣	35.五彩锦带树	36.'天鹅绒' 紫薇	37.红枫（大）	38.红枫（小）	39.川滇蜡树	40.'火焰' 卫矛
41.花叶卫矛	42.小叶女贞	43.美人蕉	44.常春藤	45.树状月季	46.百合（基督山）	47.彩叶草	

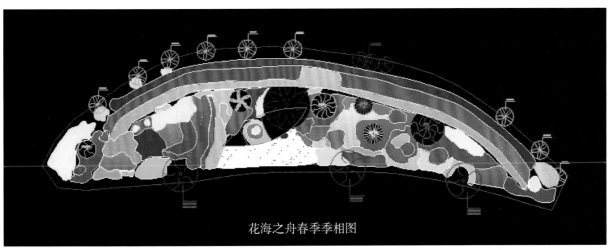

花海之舟春季季相图

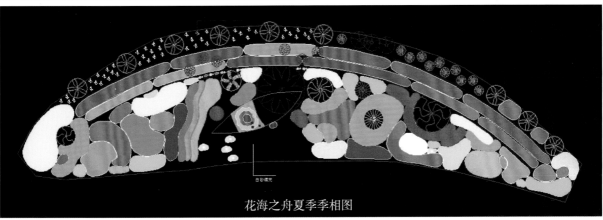

花海之舟夏季季相图

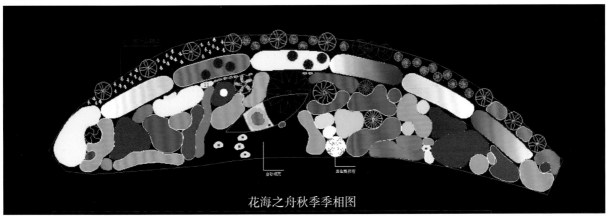

花海之舟秋季季相图

花海之舟

本花境名为花海之舟。它以花海为背景，与其他花境一起，以游园道路为丝线，串成花海中的"项链"，既满足了游园者的感官体验，又增加了花海贴近自然的元素，还丰富了多年生植物在花海景观中的应用形式与内涵，可谓是一次大胆的实践探索。

专家点评： 本作品是花海中的一叶小舟，与花海相映成趣。郁金香、百合等球根花卉分别担任不同季相的主角，衬托着花海的主题。

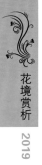

春季植物配置表

序号	植物名称	拉丁学名	科名	特性	观赏特性	花色	花期	规格(cm)	长成高度(cm)	种植面积(m²)	种植密度	种植数量(盆、棵)	备注
1	大花葱	Allium giganteum	百合科	多年生球根	观花	紫色	5~6月	种球	100~120	8	16	130	
2	郁金香	Tulipa gesneriana	百合科	多年生草本球茎	观花	红、黄、粉色	3~4月	种球	40~55	30	60	1800	
3	风信子	Hyacinthus orientalis	百合科	多年生草本球根	观花	混色	3~5月	种球	25~30	8	30	240	
4	葡萄风信子	Muscari botryoides	百合科	多年生草本球根	观花	蓝色	3~5月	种球	15~20	6	60	360	
5	蓝铃花	Hyacinthoides non-scripta	天门冬科	多年生球茎	观花	蓝色	4~5月	种球	25~35	4	60	240	
6	三色堇	Viola tricolor	堇菜科	二年或多年生草本	观花	各色	12月至翌年5月	h=10~15 d=10~15	20~25	10	50	500	
7	角堇	Viola cornuta	堇菜科	多年生草本	观花	各色	12月至翌年5月	h=10~15 d=10~15	15~20	20	60	1200	
8	黄金菊	Chrysanthemum multicaule	菊科	一年生草本	观花	黄色	4~6月	h=15~20 d=15~20	20~25	5	10	50	
9	羽衣甘蓝	Brassica oleracea var. acephala f. tricolor	十字花科	两年生草本	观叶	红、白色	11月至翌年3月	h=20~25 d=15~20	25~30	12	36	430	换羽豌豆
小计										103		4950	

夏季植物配置表

序号	植物名称	拉丁学名	科名	特性	观赏特性	花色	花期	规格(cm)	长成高度(cm)	种植面积(m²)	种植密度	种植数量(盆、棵)	备注
1	金鸡菊	Coreopsis drummondii	菊科	多年生宿根草本	观花	金黄色	5~10月	h=40~50 d=30~40	50~55	6	9	55	
2	八仙花	Hydrangea macrophylla	虎耳草科	宿根	观花	粉红色	6~8月	h=40~50 d=40~50	50~55	6	9	55	部分挨宿根六倍利
3	飞燕草	Consolida ajacis	毛茛科	多年生草本	观花	蓝色	5月	h=40~50 d=25~35	50	0.25	1	5	5加仑盆
4	玉簪	Hosta plantaginea	百合科	多年生宿根	观叶、观花	白色	7~9月	h=30~35 d=40~60	30~40	0.2	孤植	3	
5	穗花婆婆纳	Veronica spicata	玄参科	多年生耐寒草本	观花	蓝色	6~9月	h=30~35 d=20~25	35~40	3	25	75	
6	'梅萨'天人菊	Gaillardia pulchella	菊科	一年生草本	观花	黄色	5~6月	h=30~40 d=20~30	30~40	5	25	125	
7	蓝羊茅	Festuca glauca	禾本科	多年生	观叶	蓝色	5~11月	h=25~35	30	1.2	12	26	
8	黄菖蒲	Acorus calamus	天南星科	多年生	观叶、观花	黄色	4月底5月初	h=60~80 d=35~40	60~80	0.8	2	2	5加仑盆
9	宿根鼠尾草	Salvia japonica	唇形科	多年生	观花	蓝色	5~6月	h=25~35 d=25~35	35~40	5	30	150	换维多利亚鼠尾草

序号	植物名称	拉丁学名	科名	特性	观赏特性	花色	花期	规格(cm)	长成高度(cm)	种植面积(m²)	种植密度	种植数量(盆、棵)	备注
10	佛甲草	Sedum lineare	景天科	多年生草本	观叶、观花	黄色	4~5月	h=10-15 d=10-15	15~20	4	50	200	
11	花叶蔓长春	Vinca major var. variegata	夹竹桃科	多年生蔓性	观叶、观花	蓝色	4~11月	h=20~25 d=35~40	30~35	1	10	10	
12	矮蒲苇	Cortaderia selloana 'Pumila'	禾本科	多年生草本	观叶、观花	白色	10~11月	h=35~45 d=40~50	120~150	0.3	3	3	
13	宿根六倍利	Lobelia erinus	半边莲科	一年生草本	观花	红色	6~7月	h=40~50 d=30~35	50~60	1.5	36	54	5月份替换绣球
14	矾根	Heuchera micrantha	虎耳草科	多年生宿根	观叶、观花	黄色	6月	h=20~25 =20~25	25	0.3	36	12	
15	超级海棠	Begonia × benariensis	秋海棠科	一年生草本	观花	红色	4~11月	h=25~30 d=25~30	30~40	3	25	75	
16	超级海棠	Begonia × benariensis	秋海棠科	一年生草本	观花	粉色	4~11月	h=25~30 d=25~30	30~40	3	25	75	部分替换丁须苞石竹
17	萱草	Hemerocallis fulva	百合科	多年生宿根	观花	黄色	5~7月	h=35~40 d=30~35	40~45	0.5	25	12	
18	过路黄	Lysimachia christinae	报春花科	多年生	观叶	黄色	全年	h=5 d=15~20	5~10	0.4	50	20	
19	大丽花	Dahlia pinnata	菊科	多年生草本块根	观花	玫红	5~7月、9~10月	h=30~35 d=25~30	35~40	1	16	16	
20	细叶美女樱	Verbena tenera	马鞭草科	多年生草本	观花	紫、白色	4~11月	h=10~15 d=15~20	20~25	2	36	70	
21	墨西哥羽毛草	Stipa tenuissima	禾本科	草本	观叶	粉色	6~8月	h=40~50 d=25~35	40~50	0.6	16	10	
22	百合	Lilium brownii var. viridulum	百合科	多年生球根	观花	红、黄色	6~7月	h=40~50 d=25~30	80~100	1.5	30	45	
23	'湾流' 南天竹	Nandina domestica	小檗科	灌木	观叶	冬季红色		h=30~35 d=30~40	35~40	0.3	孤植	2	
24	地被菊	Chrysanthemum morifolium	菊科	多年生草本	观花	黄色	9~10月	h=30~35 d=25~30	40~50	0.2	4	5	
25	银叶菊	Senecio cineraria	菊科	多年生草本	观叶	银色	全年	h=20~25 d=20~25	40~50	1.5	36	55	
26	毛地黄	Digitalis purpurea	玄参科	多年生草本	观花	玫红色	5~6月	h=35~40 d=25~35	50~60	2	25	50	
27	羽扇豆	Lupinus micranthus	豆科	宿根	观花	混色	5~6月	h=40~50 d=30~35	50~60	10	25	375	
28	矮牵牛	Petunia hybrida	茄科	一年生草本	观花	玫红、紫色、粉色	5~10月	h=20~25 d=15~20	30~35	6	36	220	
29	美人蕉	Canna indica	美人蕉科	多年生宿根草本	观花	红、黄色	3~12月	h=40~50 d=40~50	40~57	5	4	20	5加仑盆
30	柳叶马鞭草	Verbena officinalis	马鞭草科	多年生草本	观花	紫色	6~11月	h=40~50 d=25~35	100~120	10	25	250	

（续）

序号	植物名称	拉丁学名	科名	特性	观赏特性	花色	花期	规格(cm)	长成高度(cm)	种植面积(m²)	种植密度	种植数量(盆、棵)	备注
31	色素万寿菊	Tagetes erecta	菊科	一年生草本	观花	橙色	7~8月	h=40~50 d=2025	80~120	6	25	150	
32	天竺葵	Pelargonium hortorum	牻牛儿苗科	多年生肉质	观花	红色	5~7月，9~10月	h=30~35 d=25~35	30~35	4	25	100	
33	'小丑'火棘	Pyracantha fortuneana 'Harlequin'	蔷薇科	常绿灌木	观花叶果		3~11月	h=50~60 d=70~80	60~70	1	孤植	1	
34	'五彩'锦带树	Weigela florida 'Red Prince'	忍冬科	乔木	观花	彩色	5~6月	h=40~50 d=40~50	150~200	1.5	9	9	
35	'天鹅绒'紫薇	Lagerstroemia indica 'Whit III'	千屈菜科	乔木	观花	玫红	6~10月	h=150~200 d=60~80	200~250	6	丛植	9	5加仑盆
36	红枫(大)	Acer palmatum 'Atropurpureum'	槭树科	乔木	观叶	红色		h=180~200 d=120~140	200~250	1	孤植	1	
37	红枫(小)	Acer palmatum 'Atropurpureum'	槭树科	乔木	观叶	红色		h=40~50 d=40~50	60~80	0.3	12	9	
38	川滇蜡树	Ligustrum delavayanum	木犀科	灌木	观叶		5~7月	h=250	250	0.3	孤植	1	
39	'火焰'卫矛	Euonymus alatus 'Compacta'	卫矛科	灌木	观叶	红色	11月至翌年3月	h=60~70 d=70~80	80~100	0.5	孤植	1	
40	花叶卫矛	Euonymus alatus	卫矛科	灌木	观叶	花叶		h=60~70 d=70~80	80~100	0.5	孤植	1	
41	'柠檬之光'小叶女贞	Ligustrum quihoui	木犀科	灌木	观叶	黄色		h=100~110 d=110~120	110~120	0.5	孤植	1	
42	三角梅	Bougainvillea spectabilis	紫茉莉科	灌木	观叶	玫红色	6~7月	h=100~110 d=110~120	110	1	孤植	1	
43	超级牵牛	Petunia hybrida	茄科	二年或多年生草本	观花	玫白条纹	4月至霜降	h=15~20 d=10~15	20	0.2	20	20	
44	树状月季	Rosa chinensis	蔷薇科	灌木	观花	粉红色	5~10月	h=40~50 d=40~50	180~200	1	3	3	行道树
45	常春藤	Hedera nepalensis var. sinensis	五加科	多年生常绿攀援灌木	观叶		4~11月	h=40~50 d=40~50	20~26			5	植于木桩内
46	'百万小铃'舞春花	Petunia calibrchoa 'Million Bells'	茄科	多年生草本	观花	玫红	4~11月	h=15~20 d=10~15	15~20	0.2	49	12	小船上
47	须苞石竹	Dianthus barbatus	石竹科	多年生草本	观花	混色	5~10月	h=40~50 d=40~50	45~55	5	25	125	5月底换成超级海棠
48	藿香蓟	Ageratum conyzoides	菊科	一年生草本	观花	蓝色	5~7月	h=20~25 d=15~20	25~28	1.5	60	90	后换超级海棠
49	坡地毛冠草	Melinis nerviglumis	禾本科	多年生草本	观叶/花	粉红色	5~7月	h=35~45 d=25~30	45~55	0.8	16	10	
小计										112.85		2624	

秋季植物配置表

序号	植物名称	拉丁学名	科名	特性	观赏特性	花色	花期	规格(cm)	长成高度(cm)	种植面积(m²)	种植密度	种植数量(盆/棵)	备注
1	彩叶草	Plectranthus scutellarioides	唇形科	一年生草本	观花	红、黄色	5月	h=40-50 d=25-35	50	0.5	25	12	
2	'赤碧'鸡冠花	Celosia plumosa 'Chi Bi'	苋科	一年生草本	观叶	红色	9~11月	h=40-45 d=20-25	35-40	5	25	126	
3	百合各系列	Lilium brownii var. viridulum	百合科	多年生	观花	蓝色	5~6月	h=30-40 d=20-30	30-40	17	36	600	
4	维多利亚鼠尾草	Salvia farinacea	唇形科	多年生	观叶	蓝色	8~11月	h=20-30 d=25-35	30	2	25	50	
5	大花海棠	Begonia × benariensis	秋海棠科	多年生	观花	蓝色	5~6月	h=25-35 d=25-35	35-40	4	25	100	
6	黑心金光菊	Rudbeckia hirta	菊科	多年生蔓性	观叶、观花	蓝色	4~11月	h=20-25 d=35-40	30-35	1.5	25	36	
7	墨西哥鼠尾草	Salvia leucantha	唇形科	多年生草本	观花	紫色	10~11月	h=45-55 d=35-40	45-55	1.5	16	25	
8	蓝雪花	Ceratostigma plumbaginoides	白花丹科	多年生草本	观花	蓝色	9~11月	h=40-50 d=30-35	50-60	1.5	25	38	替换绣球
9	香彩雀	Angelonia sangustifolia	玄参科	多年生宿根	观叶、观花	黄色	6月	h=20-25 =20-25	25	1.2	25	30	
10	'花叶'芒	Miscanthus sinensis 'Variegatus'	禾本科	多年生草本	观叶/花	白色	9~11月	h=60-80 d=50-70	100~120	0.36	1	1	加仑盆
11	细叶芒	Miscanthus sinensis	禾本科	多年生草本	观叶/花	白色	9~11月	h=60-80 d=50-70	100~120	0.36	1	1	加仑盆
12	'紫叶'狼尾草	Pennisetum setaceum 'Rubrum'	禾本科	多年生草本	观叶/花	红色	8~11月	h=60-80 d=50-70	80~100	0.36	1	1	加仑盆
13	朱蕉	Cordyline fruticosa	百合科	多年生	观叶	红色	6~11月	h=60-80 d=40-50	80-90	0.3	1	1	加仑盆
14	千日红	Gomphrena globosa	苋科	一年生草本	观花	紫红色	7~11月	h=35-45 d=15-25	35-45	1.2	36	45	
15	粉黛乱子草	Muhlenbergia capillaris	禾本科	多年生草本	观花	粉红色	10~11月	h=45-55 d=25-35	50-55	0.2	16	3	
16	'小兔子'狼尾草	Pennisetum alopecuroides 'Little Bunny'	禾本科	多年生草本	观花	白色	9~11月	h=45-55 d=40-45	55-65	0.4	1	1	加仑盆
小计										37.38		1070	

一路向北

贵州师范大学2015级园林班

春季实景

一路向北

此花境设计以北斗七星为原型，名为一路向北，寓意高校是个教书育人的地方，希望能给学生指引方向。花境着重打造几个节点，分别为彷徨、呐喊、朝花夕拾、狂人日记。

专家点评：作品立意新颖。植物语言运用得较为妥当。

夏季实景

秋季实景

花境植物材料

序号	中文名	学名	科属	花期	颜色	数量	规格	种植密度（株/m²）	种植面积（m²）
1	彩叶草	*Plectranthus scutellarioides*	唇形科鞘蕊花属	7月	黄、紫、暗红、绿色	60	1加仑	10	6
2	穗花婆婆纳	*Veronica spicata*	玄参科婆婆纳属	6~8月	粉色	120	230红盆	18	7
3	'无尽夏'绣球	*Hydrangea macrophylla* 'Endless Summer'	虎耳草科绣球属	5~9月	蓝色	32	36×30营养袋	4	8
4	粉花美人蕉	*Canna glauca*	美人蕉科美人蕉属	3~12月	粉色	45	1加仑	12	5.5
5	黄花美人蕉	*Canna indica* var. *flava*	美人蕉科美人蕉属	3~12月	黄色	45	1加仑	12	3.75
6	木春菊	*Argyranthemum frutescens*	菊科木茼蒿属	2~10月	黄色	120	160红盆	15	8
7	'金娃娃'萱草	*Hemerocallis* cv.	百合科萱草属	8~11月	黄色	64	1加仑	25	2.56
8	葱兰	*Zephyranthes candida*	石蒜科葱莲属	7~9月	白、粉色	45	230红盆	20	2.25
9	松果菊	*Echinacea purpurea*	菊科松果菊属	6~7月	紫红、橙黄色	50	160红盆	20	2.5
10	紫叶狼尾草	*Pennisetum alopecuroides*	禾本科狼尾草属		紫色	64	1加仑	10	6.4
11	花叶蒲苇	*Cortaderia selloana*	禾本科蒲苇属		绿、白色	30	230红盆	4	7.5
12	新西兰亚麻	*Linum usitatissimum*	亚麻科亚麻属		蓝、白色	2	20加仑	1	2
13	雄黄兰	*Crocosmia crocosmiflora*	鸢尾科雄黄兰属	6~7月	红色	380	12×10营养袋	35	12
14	粉黛乱子草	*Muhlenbergia capillaris*	禾本科乱子草属	9~11月		210	160红盆	30	7
15	芳香万寿菊	*Tagetes* cv.	菊科万寿菊属	5~9月	黄色	120	160红盆	20	6
16	墨西哥鼠尾草	*Salvia leucantha*	唇形科鼠尾草属	8~11月	紫色	100	230红盆	18	5.5
17	美女樱	*Verbena hybrida*	马鞭草科马鞭草属	5~11月	粉、紫、白色	320	160红盆	60	5.3
18	金鸡菊	*Coreopsis drummondii*	菊科金鸡菊属	5~10月	黄色	64	160红盆	20	6.5
19	蓝花鼠尾草	*Salvia farinacea*	唇形科鼠尾草属		蓝色	150	21×21营养袋	30	5
20	矮蒲苇	*Cortaderia selloana* 'Pumila'	禾本科蒲苇属		白色	18	230红盆	4	4.5
21	龟甲冬青	*Ilex crenata* 'Convexa'	冬青科冬青属		白色	6	36×30营养袋	2	6
22	'桑托斯'马鞭草	*Verbena officinalis*	马鞭草科马鞭草属	6~8月	紫色	120	1加仑	20	6
23	'花叶'杞柳	*Salix integra* 'Hakuro Nishiki'	杨柳科柳属		黄绿、白色	12	36×30营养袋	2	6
24	糖蜜草	*Melinis minutiflora*	禾本科糖蜜草属		粉色	80	160红盆	20	7
25	鸡冠花	*Celosia cristata*	苋科青葙属		红色	240	12×10营养袋	60	5
26	墨西哥羽毛草	*Stipa tenuissima*	禾本科针茅属	6~9月	银白色	80	1加仑	20	7

植物更换计划表

序号	原种植植物	补种/替换	中文名	学名	科属	花期	花/叶色	数量	规格	株数	种植密度（株/m²）	种植面积（m²）
1	粉花美人蕉	补种	粉花美人蕉	*Canna glauca*	美人蕉科美人蕉属	3~12月	粉色	15	1加仑	15	9	1.6
2	黄花美人蕉	补种	黄花美人蕉	*Canna indica* var. *flava*	美人蕉科美人蕉属	3~12月	黄色	20	1加仑	20	9	2.2
3	木春菊	补种	木春菊	*Argyranthemum frutescens*	菊科木茼蒿属	2~10月	黄色	30	160红盆	30	15	2
4	美女樱	补种	美女樱	*Verbena hybrida*	马鞭草科马鞭草属	5~11月	粉、紫、白色	50	160红盆	50	20	2.5
5	鸡冠花	替换	太阳花	*Portulaca grandiflora*	马齿苋科马齿苋属	6~9月	红色	200	160红盆	200	35	5.7
6	雄黄兰	替换	金光菊	*Rudbeckia laciniata*	菊科金光菊属	7~10月	黄色	150	130双色杯	150	20	7.5
7	'桑托斯'马鞭草	替换	萼距花	*Cuphea hookeriana*	千屈菜科萼距花属	5~9月	紫色	30	160红盆	30	15	2
8	穗花婆婆纳	替换	吊竹梅	*Tradescantia zebrina*	鸭跖草科吊竹梅属		紫色	30	160红盆	30	20	1.5
9	鸡冠花	替换	禾叶大戟	*Euphorbia graminea*	大戟科大戟属	6~10月	白色	40	1加仑	40	8	5
10	雄黄兰	替换	红花美人蕉	*Canna indica*	美人蕉科美人蕉属	6~10月	红色	15	1加仑	15	9	1.6
11	'无尽夏'绣球	替换	'无尽夏'绣球	*Hydrangea macrophylla* 'Endless Summer'	虎耳草科绣球属	5~9月	蓝色	20	36×30营养袋	20	5	4

设计阶段图纸

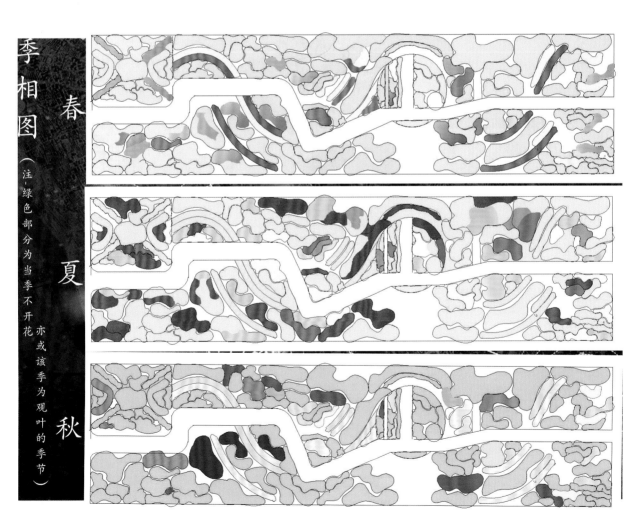

信芳小驿

贵州师范大学2015级园林班

春季实景

专家点评：花境填补了樱花林的中下层空间，丰富了校园的植物景观。观赏草为花境秋天的季相增色不少。

夏季实景

信芳小驿

本作品位于贵州师范大学花溪校区凤翔山旁的大草坪，依托草坪本身高低起伏的地形加上原有植物为背景，打造一处供师生闲暇之时游赏的混合花境。花境面积约为 160 m^2。

作品名为信芳小驿，信芳二字出自《离骚》中的"苟余情其信芳"，意为"芬芳馥郁"。美丽校园，猗猗芳草，行于其间，自得其味。而小驿是大学生现阶段所处环境的象征，是多数人人生最重要的站点，在此慢下脚步积淀自身，走上坦途。

为了呼应主题，整体布局上以园路作为分界，采用流畅的曲线，加上不同的出入口，寓意在人生不同的阶段选择不同的道路就会看到不同的风景。除此之外，花境的

秋季实景

重中之重，是植物种类上也选择了多种芳香类花卉，如芳香万寿菊、紫娇花等；考虑到色彩的变化，运用黄色、红色、紫色，画面上活泼欢快，整体上呈现出积极向上的态势，正是对朝气蓬勃的大学生最生动的写照。春季，万物复苏的时节，花境也充满绿意，花朵零星点缀其中，一片生机勃勃。夏季是整个花境最美的日子，火星花（雄黄兰）、'桑托斯'马鞭草、鼠尾草、'无尽夏'绣球、美女樱……各类花卉都争相开放，好一派红红火火的热闹景象。秋季

正是观赏草最美的日子，花叶蒲苇、糖蜜草、粉黛乱子草、矮蒲苇、紫叶狼尾草，洁白的、粉红的、紫色的穗，随风飘摇，搭配其他花卉，美不胜收。冬天是萧条的，看到观赏草都能让人领悟一丝哲理，契合人生。人生不会一直都是高潮，但低谷却终将过去，芳香万寿菊带着暖黄盛开。一年有四季，花境随四时而变，其芬芳美丽将成为师大师生记忆里的美好。

花境植物材料

序号	中文名	拉丁名	规格	单位	花期	颜色	种植面积(m²)	种植密度	株型	数量	单价(元)	合计(元)	备注
1	龟甲冬青	Ilex crenata 'Convexa Makino'	36×30营养袋	袋	5~6月	白色	1.2	5株/m²	矮生型	6	54.00	324.00	
2	'花叶'杞柳	Salix integra 'Hakuro Nishiki'	36×30营养袋	袋		新叶先端粉白色基部黄绿色密布白色斑点,之后叶色变为黄绿色带粉白色斑点	6	5株/m²	疏散型	12	54.00	648.00	
3	新西兰亚麻	Linum usitatissimum	20加仑	盆	8~9月	观叶,叶绿色	1	2株/m²	开张型	2	315.00	630.00	
4	花叶蒲苇	Cortaderia selloana	230红盆	盆	夏、秋两季	多年生;常绿;叶绿、丛生	2.5	10株/m²	开张型	25	36.00	900.00	
5	粉花美人蕉	Canna glauca	1加仑	盆	6~9月	粉色	3	15株/m²	直立型	45	10.00	450.00	
6	穗花婆婆纳	Veronica spicata	230红盆	盆	6~9月	淡紫色	4	16株/m²	疏散型	64	12.00	768.00	
7	'金娃娃'萱草	Hemerocallis fulva	1加仑	盆	5~11月	金黄色	3.2	20株/m²	开张型	64	13.50	864.00	
8	木春菊	Argyranthemum frutescens	160红盆	盆	花、果期3-12月	金黄色	2.25	20株/m²	直立型	45	10.00	450.00	
9	芳香万寿菊	Tagetes lemmonii	160红盆	盆	冬季开花	橙黄色	5	25株/m²	疏散型	125	4.50	562.50	
10				盆		蓝紫色	5	25株/m²	疏散型	125	4.50	562.50	
11	'无尽夏'绣球	Hydrangea macrophylla 'Endless Summer'	36×30营养袋	袋	6~9月	紫色	2.4	5株/m²	矮生型	12	54.00	648.00	
12	墨西哥鼠尾草	Salvia leucantha	230红盆	盆	秋季	天蓝色	6	20株/m²	疏散型	120	8.00	960.00	
13	深蓝鼠尾草	Salvia officinalis	21×20营养袋	袋	8月	白色	8	25株/m²	疏散型	200	7.20	1440.00	
14	葱兰	Zephyranthes candida	230红盆	盆	7~9月	紫色	2.81	16株/m²	开张型	45	7.20	324.00	
15	桑托''马鞭草	Verbena officinalis	1加仑	盆	7~9月	黄、橙、红、紫	11.25	16株/m²	疏散型	180	5.40	972.00	
16	盛情'松果菊	Echinacea purpurea	160红盆	盆	5月和10月	红、雪青、粉红色等	2.5	20株/m²	疏散型	50	5.40	270.00	
17	美女樱	Verbena hybrida	160红盆	盆	5~11月	红色	14.4	25株/m²	矮生型	360	4.50	1620.00	
18	穗状鸡冠花	Celosia cristata	12×10营养袋	袋	7~12月	橙红色	6.94	36株/m²	直立型	250	0.60	150.00	
19	火星花(雄黄兰)	Crocosmia crocosmiflora	12×10营养袋	袋	6~8月	金黄色	10.42	36株/m²	疏散型	375	0.90	337.50	
20	金鸡菊	Coreopsis drummondii	160红盆	盆	7~8月	粉色	3.2	20株/m²		64	4.50	288.00	
21	粉黛乱子草	Muhlenbergia huegelii	160红盆	盆	花期9月中旬至11月中旬		9	10株/m²	疏散型	90	10.80	972.00	
22	墨西哥羽毛草(细茎针茅)	Stipa atenuissima	1加仑	盆	花期6-9月	白色	5	20株/m²	疏散型	100	10.80	1080.00	
23	'紫叶'狼尾草	Pennisetum setaceum 'Rubrum'	1加仑	盆	6~9月	紫色	4	16株/m²	开张型	64	15.00	960.00	
24	糖蜜草	Melinis minutiflora	160红盆	盆		白色	5.625	16株/m²	疏散型	90	4.50	405.00	
25	彩叶草	Plectranthus scutellarioides	1加仑	盆	7月	观叶,叶有黄、暗红、紫色及绿色	4	6株/m²	矮生型	24	8.00	192.00	
26	矮蒲苇	Cortaderia selloana	230红盆	盆			1.8	10株/m²	开张型	18	22.50	405.00	
合计							130.495					17182.50	

植物更换计划表

序号	中文名	拉丁名	规格	单位	花期	颜色	种植面积(m²)	种植密度	株型	数量	单价(元)	合计(元)	备注
1	金鸡菊	Coreopsis basalis	160红盆	盆	7~8月	金黄色	0.833	20株/m²	疏散型	30	4.50	135.00	
2	金光菊	Rudbeckia hirta	130双色杯	杯	7~10月	金黄色	3.33	30株/m²	疏散型	100	5.00	500.00	
3	太阳花	Portulaca grandiflora	230红盆	盆	6~9月	红、紫、黄白色	3.2	20株/m²	疏散型	80	8.00	640.00	
4	醉鱼草	Buddleja lindleyana	230红盆	盆	4~10月	紫色	6	10株/m²	开张型	60	12.00	720.00	
5	粉花绣线菊	Spiraea japonica	2加仑	盆	6~7月	粉红色	1.875	12株/m²	矮生型	30	15.00	450.00	
6	紫娇花	Tulbaghia violacea	230红盆	盆	6~8月	紫色	3.125	16株/m²	开张型	50	10.00	500.00	
7	嫣红蔓	Hypoestes purpurea	130双色杯	杯	10~11月	紫蓝色	1.25	16株/m²	直立型	20	3.50	70.00	
合计							19.613					3015.00	

设计阶段图纸

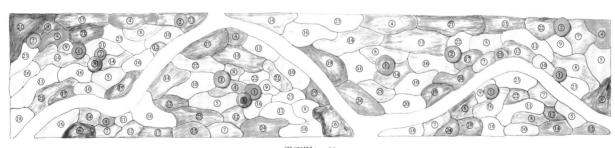

平面图1：50

1.龟甲冬青　　　　6.穗花婆婆纳　　　　11.芳香万寿菊　　　　16.'桑托斯'马鞭草　　　21.火星花
2.'花叶'杞柳　　　7.'金娃娃'萱草　　　12.'无尽夏'绣球　　　17.松果菊　　　　　　22.紫叶狼尾花
3.新西兰亚麻　　　8.粉花美人蕉　　　　13.天蓝鼠尾草　　　　18.美女樱　　　　　　23.粉黛乱子草
4.花叶蒲苇　　　　9.彩叶草　　　　　　14.墨西哥鼠尾草　　　19.穗状鸡冠花　　　　24.糖蜜草
5.黄花美人蕉　　　10.木春菊　　　　　　15.葱兰　　　　　　　20.金鸡菊　　　　　　25.细茎针茅
　　26.矮蒲苇

钱帆景观

如皋市花时间园林景观有限公司

钱帆景观

　　花境引进了很多适应性较强的国外植物来改变植物爱好者的审美疲劳，并丰富植物的多样性。同时又挖掘了长三角地区的野生植物资源，如紫金牛、象耳芋、顶花板凳果、野扇花、头花蓼等。即使在最为萧条的冬季，因有以各种形态的进口松柏类和常绿植物作为花境里的骨架（如美洲柏木、火云刺柏、美国蓝杉、金冠柏、金线柏、黄金枸骨、花叶柊树、金边艾比胡颓子等），所以在宿根植物休眠的同时依然可以保持花境的缤纷。

专家点评：本花境中应用了多种本区域乡土植物，增加了景观的"本土性"与稳定性。

设计阶段图纸

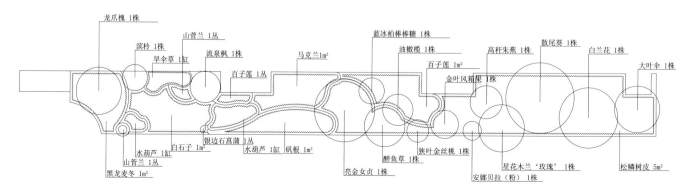

龙爪槐 1株
滨枥 1株
山菅兰 1丛
旱伞草 1缸
流泉枫 1株
百子莲 1丛
马克兰 1m²
蓝冰柏棒棒糖 1株
油橄榄 1株
百子莲 1m²
金叶风箱果 1株
高秆朱蕉 1株
散尾葵 1株
白兰花 1株
大叶伞 1株

山菅兰 1丛
水葫芦 1缸
白石子 1m²
银边石菖蒲 1丛
水葫芦 1缸
矾根 1m²
亮金女贞 1株
醉鱼草 1株
狭叶金丝桃 1株
星花木兰'玫瑰' 1株
安娜贝拉（粉） 1株
松鳞树皮 5m²
黑龙麦冬 1m²

花境植物材料

序号	品种	科属	颜色	花期	株高（cm）	生活类型	单位	数量
1	超级鼠尾草	唇形科鼠尾草属	蓝紫色	9~11月	100	多年生宿根草本	棵	43
2	铁筷子	毛茛科铁筷子属	淡黄、深紫色	4月	35	多年生常绿草本	株	4
3	'埃比'胡颓子	胡颓子科胡颓子属	绿色		110~120	灌木	棵	1
4	玛格丽特	菊科木茼蒿属	黄色	2~10月	30~100	灌木	株	6
5	矾根	虎耳草科矾根属	紫、黄、绿色	全年	15~20	多年生草本	株	20
6	金光菊	菊科金光菊属	金黄色	4~11月	80~110	多年生草本	棵	33
7	菲油果	桃金娘科菲油果属	绿色		205	乔木	棵	2
8	'鲍尔斯金'薹草	莎草科薹草属	黄色		5~~70	多年生草本	株	3
9	扁叶刺芹	伞形科刺芹属	蓝色	7~8月	90~110	多年生直立草本	棵	10
10	栎叶绣球	虎耳草科绣球属	红色、紫色	5~7月	50~80	落叶灌木	棵	1
11	翠芦莉	爵床科芦莉草属	紫色、粉色	4~11月	110~150	多年生草本	棵	1
12	金心丝兰	百合科丝兰属	绿色	7~10月	70	常绿灌木	株	5
13	秋田蕗	菊科蜂斗菜属	绿色		50	多年生草本	株	2
14	小盼草	禾本科小盼草属	绿色	4~11月	80~95	多年生草本	棵	16
15	铁炮百合	百合科百合属	白、粉、黄色	10~11月	80~100	多年生宿根花卉	棵	5
16	箱根草（斑入）	禾本科乱子草属	黄绿色		15~20	多年生草本	株	3
17	银叶菊	菊科千里光属	银白色		25	多年生宿根草本	棵	1
18	蒲葵	棕榈科蒲葵属	绿色		350	乔木	棵	1
19	象耳芋	天南星科芋属	绿色		180	多年生常绿草本	株	1
20	玉簪（进口）	百合科玉簪属	白色		50	多年生宿根花卉	株	11
21	绣球	虎耳草科绣球属	粉、白、紫色	4~9月	30~50	灌木	棵	11
22	金边书带草	百合科沿阶草属	金绿色		50~70	多年生草本	株	18
23	黑龙麦冬	百合科沿阶草属	黑色		20	多年生草本	株	9
24	山菅兰	百合科山菅兰属	浅绿色		50~70	多年生草本	株	3
25	欧石竹	石竹科石竹属	粉色	4~11月	15	多年生草本	株	25
26	千鸟花	柳叶菜科山桃草属	白、粉色	4~11月	90~120	多年生	棵	11
27	意大利络石	夹竹桃科络石属	白色	5~11月	60	常绿藤蔓植物	棵	3
28	荷兰铁	百合科丝兰属	绿色	6~10月	150	多年生草本	棵	2
29	马鞭草	马鞭草科马鞭草属	蓝紫色	5~11月	110~145	多年生草本	棵	47
30	银叶菊	菊科千里光属	银色	6~10月	36	多年生草本	棵	19
31	朱蕉	百合科朱蕉属	红色	11月至翌年3月	90~110	多年生草本	棵	6
32	'高砂'芙蓉葵	锦葵科木槿属	白、粉色	4~11月	110~140	落叶灌木	棵	3
33	银叶菊	菊科千里光属	黄色	6~9月	20	多年生草本	棵	3
34	圆锥绣球	虎耳草科绣球属	白色	7~9月	90	落叶灌木	棵	1
35	'铃铛'铁线莲	毛茛科铁线莲属	白、紫色	1~2月	75	多年生藤本	株	3
36	醉鱼草	马钱科醉鱼草属	紫色	4~11月	125	落叶灌木	棵	3
37	蛇葡萄	葡萄科蛇葡萄属	紫色	7~9月	60	落叶藤本	株	1
38	无刺蔷薇	蔷薇科蔷薇属	粉色	4~5月	300	落叶藤本	株	2
39	百子莲	石蒜科百子莲属	蓝紫色	6~9月	90~140	多年生草本	棵	23
40	美国红栌	漆树科黄栌属	红色	9月	210	落叶灌木和小乔木	棵	1
41	蓝冰麦	禾本科燕麦属	天蓝色		80	多年生草本	株	3
42	天蓝鼠尾草	唇形科鼠尾草属	天蓝色	6~9月	110~140	多年生草本	棵	30
43	矮蒲苇	禾本科蒲苇属	银白色		120	多年生草本	株	8
44	'小兔子'狼尾草	禾本科狼尾草属	黄色	7~11月	80	多年生草本	棵	8
45	玉带草	禾本科䅟草属	黄色		50	多年生草本	株	37
46	墨西哥羽毛草	禾本科针茅属	绿色		50	多年生草本	株	25
47	斑叶芒	禾本科芒属	叶面有黄色环状斑		100	多年生草本	株	15
48	金心薹草	莎草科薹草属	黄绿色	4~6月	15	多年生草本	株	7
49	粉黛乱子草	禾本科乱子草属	粉色	9~11月	70~90	多年生草本	株	25
50	紫穗狼尾草	禾本科狼尾草属	紫色	7~11月	70~90	多年生草本	株	2

（续）

序号	品种	科属	颜色	花期	株高（cm）	生活类型	单位	数量
51	'晨光'芒	禾本科芒属	黄色	7~12月	60	多年生草本	株	12
52	日本血草	禾本科白茅属	叶面红色斑点	8~10月	60	多年生草本	株	4
53	花叶蒲苇	禾本科蒲苇属	银白色		90~110	多年生草本	株	7
54	金鸡菊	菊科金鸡菊属	黄色	7~10月	50	多年生宿根草本	棵	22
55	藿香	唇形科藿香属	淡紫色	6~10月	100	多年生宿根草本	棵	2
56	澳洲金合欢	豆科金合欢属	银白色	3~6月	175	乔木	棵	3
57	日本早樱	蔷薇科李属	粉色	3月	500	乔木	棵	1
58	红千层	桃金娘科红千层属	红色	6~8月	100	乔木	棵	2
59	日本紫藤	豆科紫藤属	紫色	4~6月	210	落叶藤本	株	1
60	银柳	杨柳科柳属	银白色	5~6月	300	乔木	棵	1
61	石榴	石榴科石榴属	红色	5~7月	200	乔木	棵	3
62	孔雀柏	柏科扁柏属	黄色		30~40	常绿灌木	棵	1
63	欧洲黄金柏	柏科柏木属	金黄色		115	常绿灌木	棵	4
64	花柏	柏科柏木属	黄色		100	常绿灌木	棵	4
65	蓝湖柏	柏科柏木属	天蓝色		150~165	常绿灌木	棵	3
66	大花芙蓉葵	锦葵科木槿属	粉、白色	6~10月	110~120	多年生宿根草本	棵	3
67	金叶六道木	忍冬科六道木属	淡黄色	7~11月	30~40	灌木	棵	6
68	黄果忍冬	忍冬科忍冬属	黄色	5~6月	110	灌木	棵	1
69	银姬小蜡	木犀科女贞属	乳白色环边	4~6月	170	常绿小乔木	棵	1
70	穗花牡荆	马鞭草科牡荆属	紫色	7~10月	170	灌木	棵	1
71	竹柏	罗汉松科罗汉松属	绿色		220	乔木	棵	1
72	迷迭香	唇形科迷迭香属	绿色	11月	40~60	灌木	株	10
73	意大利络石(造型)	夹竹桃科络石属	白色	5~11月	165	常绿藤蔓植物	棵	1
74	矮生翠芦莉	爵床科芦莉草属		5~11月	20	多年生草本	株	8
75	紫叶风箱果	蔷薇科风箱果属	紫红色	5月中下旬	110	灌木	棵	3
76	天人菊	菊科天人菊属	黄、紫色	6~8月	40~60	一年生草本	棵	11
77	月桂	樟科月桂属			140	乔木	棵	1
78	'蓝冰'柏	柏科柏木属	蓝色		250	常绿乔木	棵	1
79	粉花溲疏	虎耳草科溲疏属	粉色	5~6月	190	灌木	棵	1
80	地涌金莲	芭蕉科地涌金莲属	金色	7~11月	150	多年生草本	棵	1
81	蛇鞭菊	菊科蛇鞭菊属	红、紫色	7~10月	90	多年生草本	棵	5
82	金叶醉鱼草	马钱科醉鱼草属	紫色	5~10月	60~80	灌木	棵	1
83	油橄榄	木犀科木犀属	绿色	4~5月	170	常绿乔木	棵	1
84	花叶香桃木	桃金娘科香桃木属	白色	5~6月	110	灌木	棵	1
85	紫玉兰	木兰科木兰属	紫色	3~4月	280	乔木	棵	1
86	欧紫珠	马鞭草科紫珠属	紫色		130		棵	1
87	冬青先令	冬青科冬青属	绿色	4~6月	80	常绿乔木	棵	1
88	花叶蔓长春	夹竹桃科蔓长春花属	紫色	4~5月	120	藤蔓性半灌木	棵	5
89	花叶锦带花	忍冬科锦带花属	淡粉色	4~6月	155	落叶灌木	棵	1
90	墨西哥鼠尾草	唇形科鼠尾草属	紫色	9~11月	90~110	多年生草本	棵	36
91	花叶地锦	葡萄科地锦属	绿色	5~7月	70	木质藤本	棵	1
92	常绿油麻藤	豆科黧豆属	绿、紫色	4~5月	190	常绿木质藤本	棵	1
93	芳香万寿菊	菊科万寿菊属	黄色	7~9月	120	一年生草本	棵	1
94	金叶风箱果	蔷薇科风箱果属	金、紫色	5月中下旬	90~100	灌木	棵	2
95	银叶菊	菊科千里光属	黄色	6~9月	20~30	多年生草本	棵	4
96	欧月	蔷薇科蔷薇属	浅粉色	8月至翌年4月	75	灌木	棵	1
97	甜叶菊	菊科甜叶菊属	白色	7~9月	70~80	多年生草本	棵	9
98	花叶柊树	木犀科木犀属			90	常绿灌木或小乔木	棵	1
99	侧柏	柏科侧柏属	绿色		135	常绿灌木或小乔木	棵	2
100	菊黄崖柏	柏科柏木属			25	常绿灌木	棵	2
101	美国蓝杉	松科云杉属	蓝绿色		135	乔木	棵	1

路缘花境

序号	品种	科属	颜色	花期	株高（cm）	生活类型	单位	数量
102	金线柏	柏科扁柏属	绿色		70	乔木	棵	2
103	金脉爵床	爵床科爵床属	绿、黄色	7~10月	45	多年生草本	棵	1
104	金叶薹草	莎草科薹草属	黄色	5月	15~20	多年生常绿草本	株	3
105	红豆杉	红豆杉科红豆杉属	红色	4~5月	165	常绿乔木	棵	1
106	马克兰	兰科兰属	白色	8~10月	45~50	多年生草本	棵	7
107	狭叶红千层	桃金娘科红千层属	红色	6~8月	145	灌木	棵	1
108	云杉	松科云杉属	绿色	4~5月	100	乔木	棵	1
109	姬小菊	菊科鹅河菊属		4~9月	20	多年生草本	株	7
110	火棘	蔷薇科火棘属	红色	3~5月	70	灌木	棵	1
111	花叶络石	夹竹桃科络石属	白色	全年	15	常绿木质藤蔓	株	1
112	笔杆木贼	木贼科木贼属	绿色		110	多年生草本	棵	1
113	龙舌兰	百合科龙舌兰属	绿色	6~8月	45	多年生常绿大型草本	棵	2
114	针葵	棕榈科刺葵属	绿色	4~5月	190	灌木	棵	2
115	春羽	天南星科喜林芋属	绿色	全年	90	多年常绿草本	棵	1
116	厚皮香	山茶科厚皮香属	绿色	全年	120	常绿灌木或小乔木	棵	1
117	金叶扶芳藤	卫矛科卫矛属	绿色	全年	160	常绿藤本灌木	棵	1
118	光棍树	大戟科大戟属	绿色	7~10月	40~50	小乔木	棵	1
119	松果菊	菊科松果菊属	粉、紫色	6~8月	40	多年生草本	棵	10
120	尤加利	桃金娘科桉属	绿色	4~9月	50~80	乔木	棵	1
121	蓝雪花	白花丹科蓝雪花属	绿色	6~9月	50~70	灌木	棵	1
122	千日红	苋科千日红属	紫、红色	6~9月	55~70	一年生直立草本	棵	3
123	食用芦荟	百合科芦荟属	绿色	7~8月	65	多年常绿肉质植物	棵	1
124	金冠柏	柏科柏木属	绿色	全年	150	乔木	棵	1
125	紫花含笑	木兰科含笑属	紫色	3~6月	170	灌木	棵	1
126	垂红忍冬	忍冬科忍冬属	橘红色	5~6月	135	藤本	株	1
127	玉簪	百合科玉簪属	白色	7~9月	25~30	多年生宿根草本	株	14
128	食用土当归	五加科楤木属	白色	7~8月	45~50	多年生草本	株	1
129	金边枸骨	冬青科冬青属	绿色	全年	140	灌木	棵	1
130	萱草（进口）	百合科萱草属	黄色	5~7月	50	多年生宿根草本	株	3
131	蒲棒菊	菊科松果菊属	黄色	4~7月	100	多年生草本	棵	3
132	水果蓝	唇形科香科科属	白色	5~6月	70	灌木	株	1
133	矮婆鹃	杜鹃花科杜鹃属	红、粉色	4~5月	35	灌木	棵	1
134	冬青滨枸	山茶科枸木属	绿色	4~6月	40	灌木	棵	2
135	银边冬青卫矛	卫矛科卫矛属	白、绿色	6~7月	30	灌木	棵	1
136	长梗丝兰	百合科丝兰属			90	多年生草本	棵	1
137	龙爪槐	豆科槐属			120	乔木	棵	1
138	水葫芦	雨久花科凤眼莲属	淡紫色	7~10月	35	水生植物	株	2
139	‘流泉’鸡爪槭	槭树科槭属			155	乔木	棵	1
140	旱伞草	莎草科莎草属	绿色	7~11月	90	多年生草本	株	1
141	金线石菖蒲	天南星科菖蒲属	绿色	5~6月	30	多年生草本	株	3
142	亮金女贞	木犀科女贞属	黄色	全年	140	灌木	棵	1
143	狭叶金丝桃	金丝桃科金丝桃属	黄色	5~8月	60	灌木	棵	1
144	粉贝拉安娜	虎耳草科绣球属	淡粉色	6~10月	50~70	灌木	棵	1
145	星花木兰	木兰科木兰属	白色	3~4月	100	灌木	棵	1
146	红枫	槭树科槭属	红色	4~5月	150~170	乔木	棵	6
147	八角金盘	五加科八角金盘属	绿色	10~11月	120	灌木	棵	1
148	八宝景天	景天科八宝属	淡粉色	7~10月	30~50	多年生肉质草本植物	株	8
149	绵毛水苏	唇形科水苏属	绿白色	6月	20~35	多年生宿根草本	株	2
150	火焰南天竹	小檗科南天竹属	红色	3~6月	50~70	灌木	棵	5

岛状花境

　　岛状花境就是被绿色海洋包围的一处花卉景观。比较理想的绿色海洋就是草坪，即草坪中央的花境；绿色海洋也可能是滚滚车流，那就是交通环岛里面的花境，也是用草坪作背景或镶边的。岛状花境强调的是独立性，自成一体，自成一景。换句话说，岛状花境应该多考虑场地，多考虑设计，多考虑意境，少考虑背景，放在哪里均可成景。既可四面观赏，也可以进入观赏，沉浸在绿色海洋包围的多彩花境之中。

落地祥云—玲珑石语

合肥绿叶园林工程有限责任公司

落地祥云—玲珑石语

祥云绿雕气势的展示，太湖石气质的烘托，结合主题花境景观合成效果，用赏心悦目的花境景观展现合肥市主城区精神文明创建的新面貌。

春季实景

夏季实景

专家点评： 花境与太湖石比较协调，相互映衬，相映成景。花境植物生长良好，体现出较高的养护园艺水平。

秋季实景

设计阶段图纸

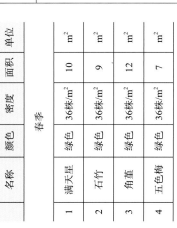

植物更换计划表

序号	名称	颜色	密度	面积	单位
春季					
1	满天星	绿色	36株/m²	10	m²
2	石竹	绿色	36株/m²	9	m²
3	角堇	绿色	36株/m²	12	m²
4	五色梅	绿色	36株/m²	7	m²
夏季					
1	鸡冠花	绿色	36株/m²	6	m²
2	矮牵牛	绿色	36株/m²	7	m²
3	孔雀草	绿色	36株/m²	11	m²
4	一串红	绿色	36株/m²	13	m²
5	石竹	绿色	36株/m²	9	m²
秋季					
1	五色梅	绿色	36株/m²	6	m²
2	石竹	绿色	36株/m²	12	m²
3	玫红筋骨草	绿色	36株/m²	5	m²
4	满天星	绿色	36株/m²	5	m²
5	一串红	绿色	36株/m²	8	m²

花境植物材料

序号	苗木名称	高度	冠幅	胸径	单位	数量	备注
		规格（cm）			单位	数量	备注
		高度	冠幅	胸径			
1	造型树 红花檵木桩	350		30	株	1	
2	早樱'染井吉野'	350		10	株	6	
3	红枫1	280		10	株	2	
4	红枫2	250		6	株	1	
5	红叶李	300		10	株	6	
6	海桐球1		300		株	3	
7	海桐球2		220		株	4	
8	海桐球3		150		株	2	
9	无刺枸骨球		150		株	3	
10	红叶石楠球		250		株	5	
11	小叶黄杨毛球	80			株	60	色带 6株/m²
12	金边连翘	容器苗 30×40美植袋 h100			株	25	
13	花叶锦带	容器苗 30×45美植袋 h100			株	1	
14	粉花锦带	容器苗 30×45美植袋 h70			株	30	
15	亮金女贞	容器苗 50×60美植袋 h100			株	4	
16	银姬小蜡	容器苗 30×45美植袋 h120			株	3	
17	金禾女贞	容器苗 50×60美植袋 h120			株	6	
18	蓝叶忍冬	容器苗 30×45美植袋 h100			株	6	
19	彩叶杞柳	容器苗 40×50美植袋 h100			株	5	
20	阔叶红千层	容器苗 40×50美植袋 h90			株	4	
21	狭叶红千层	容器苗 40×50美植袋 h120			株	8	
22	金边胡颓子	容器苗 30×30美植袋 h40			株	3	
23	水果蓝	容器苗 50×50美植袋 h50			株	7	
24	小叶蚊母	容器苗 30×45美植袋 h50			株	5	
25	银霜女贞1	容器苗 50×60美植袋 h140			株	3	
26	银霜女贞2	容器苗 40×50美植袋 h80			株	2	
27	滨枧	容器苗 30×45美植袋 h60			株	1	
28	朱蕉	容器苗 30×30美植袋 h40			株	5	
29	金边丝兰	容器苗 30×30美植袋 h40			株	8	
30	矮蒲苇	5加仑盆 h30			株	3	
31	斑叶芒	5加仑盆 h25			株	1	
32	细叶芒	5加仑盆 h30			株	2	
33	金雀花	180规格红塑料盆 h50				6	
34	'埃弗里'薹草	150规格红塑料盆 h15				6	
35	'金焰'绣线菊	220规格红塑料盆 h30			m²	5.3	25盆/m²
36	黄金菊	180规格红塑料盆 h35			m²	1	36盆/m²
37	墨西哥鼠尾草	220规格红塑料盆 h40			m²	2.7	25盆/m²
38	翠芦莉	220规格红塑料盆 h40			m²	3	36盆/m²
39	紫叶千鸟花	260规格红塑料盆 h50			m²	0.5	36盆/m²
40	紫娇花	180规格红塑料盆 h50			m²	2.3	81盆/m²
41	金叶石菖蒲	180规格红塑料盆 h15			m²	2.8	81盆/m²
42	金叶薹草	150规格红塑料盆 h15			m²	2.8	15盆/m²
43	柳叶马鞭草	260规格红塑料盆 h50			m²	2	49盆/m²
44	八仙花	260规格红塑料盆 h40			m²	8.2	16盆/m²
45	玉簪	180规格红塑料盆 h15			m²	13.8	25盆/m²
46	矾根	150规格红塑料盆 h10			m²	1.5	49盆/m²
47	满天星	220规格红塑料盆 h15			m²	3.6	49盆/m²
48	五色梅	220规格红塑料盆 h20			m²	4.7	36盆/m²
49	欧洲月季	180规格红塑料盆 h25			m²	5.1	36盆/m²
50	花叶络石	200规格红塑料盆 h15			m²	4.4	49盆/m²
51	四季海棠	150规格红塑料盆 h15			m²	3.2	64盆/m²
52	银叶菊	220规格红塑料盆 h15			m²	2.4	49盆/m²
53	羽扇豆	200规格红塑料盆 h50			m²	1.5	15盆/m²
54	飞燕草	220规格红塑料盆 h50			m²	0.9	20盆/m²
55	美人蕉	180规格红塑料盆 h40			m²	1.5	25盆/m²
56	石竹	120规格红塑料盆 h10			m²	17.4	64盆/m²
57	玫红石竹	120规格红塑料盆 h10			m²	8.8	64盆/m²
58	彩叶草	120规格红塑料盆 h53			m²	1.5	64盆/m²
59	花叶蔓	360规格红塑料盆 h20			m²	3.2	15盆/m²
60	常春藤	200规格红塑料盆 h15			m²	0.4	15盆/m²
61	鼠尾草	120规格红塑料盆 h15			m²	2.4	64盆/m²
62	孔雀草	120规格红塑料盆 h15			m²	9.7	64盆/m²
63	欧石竹	360规格红塑料盆 h25			m²	4.6	36盆/m²
64	钓钟柳	180规格红塑料盆 h25			m²	0.4	25盆/m²

林间蝶舞

合肥绿叶园林工程有限责任公司

春季实景

夏季实景

秋季实景

林间蝶舞

打造"翠幕印象"的缩影，翠幕为背景，林间花香为"境"。

花若盛开，蝴蝶自来，享受一份"街庭花园"里独有的宁静与自然。

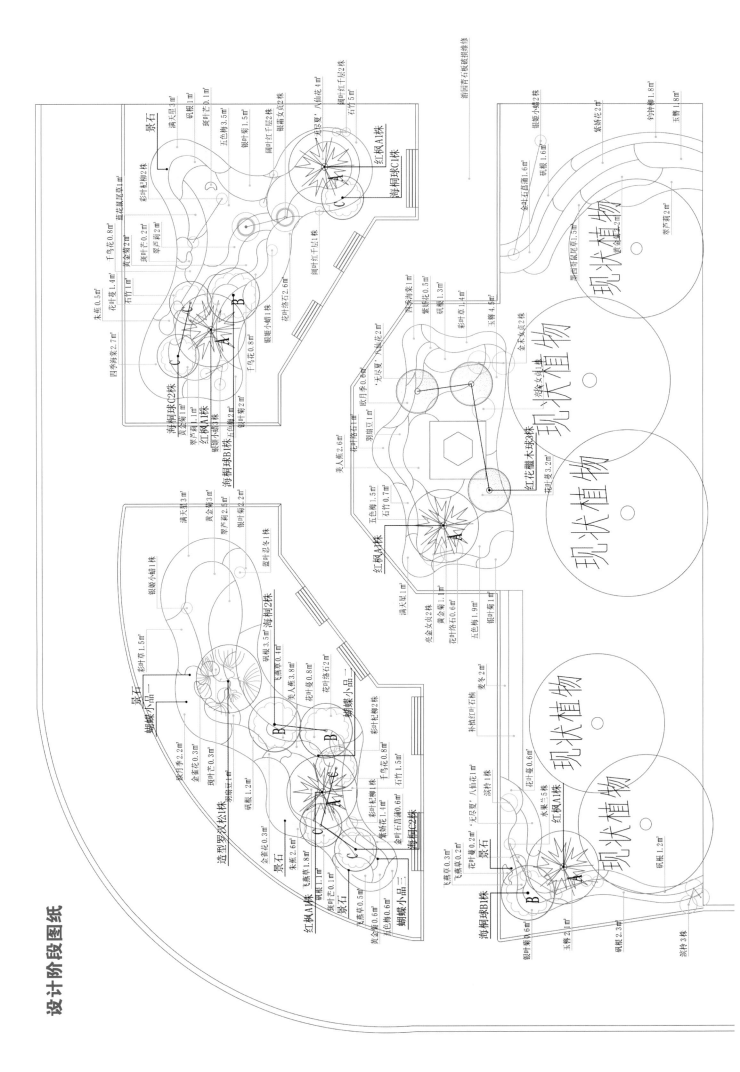

设计阶段图纸

花境植物材料

序号	苗木名称	高度	冠幅	胸径	单位	数量	备注
		规格（cm）					
1	造型树 罗汉松桩	350		30	株	1	
2	红枫1	280		10	株	4	
3	红枫2	200		6	株	1	
4	海桐球2		220		株	4	
5	海桐球3		150		株	5	
6	红花檵木球		150		株	3	
7	亮金女贞1	容器苗 50×60美植袋 h120	株	2			
8	亮金女贞2	容器苗 30×45美植袋 h80	株	1			
9	银姬小蜡	容器苗 50×45美植袋 h120	株	7			
10	金禾女贞	容器苗 50×50美植袋 h120	株	5			
11	蓝叶忍冬	容器苗 30×45美植袋 h100	株	1			
12	彩叶杞柳	容器苗 40×50美植袋 h100	株	5			
13	阔叶红千层	容器苗 40×50美植袋 h90	株	5			
14	水果蓝	容器苗 50×50美植袋 h50	株	6			
15	银霜女贞	容器苗 40×50美植袋 h80	株	2			
16	滨枥	容器苗 30×45美植袋 h60	株	4			
17	朱蕉	容器苗 30×30美植袋 h40	株	10			
18	斑叶芒	5加仑盆 h25	株	4			
19	黄金菊	180规格红塑料盆h35	m²	8.9	36盆/m²		
20	墨西哥鼠尾草	220规格红塑料盆h40	m²	2.7	25盆/m²		
21	翠芦莉	220规格红塑料盆h40	m²	8.1	36盆/m²		
22	紫叶千鸟花	260规格红塑料盆h50	m²	2.4	36盆/m²		
23	紫娇花	180规格红塑料盆h50	m²	3.4	81盆/m²		
24	金叶石菖蒲	180规格红塑料盆h15	m²	2.6	81盆/m²		
25	八仙花	260规格红塑料盆h40	m²	8	15盆/m²		
26	玉簪	180规格红塑料盆h15	m²	8.1	25盆/m²		
27	矾根	150规格红塑料盆h10	m²	10.4	49盆/m²		
28	满天星	220规格红塑料盆h15	m²	7	42盆/m²		
29	五色梅	220规格红塑料盆h20	m²	9.5	36盆/m²		
30	欧洲月季	180规格红塑料盆h25	m²	2.8	36盆/m²		
31	花叶络石	200规格红塑料盆h15	m²	6.2	49盆/m²		
32	四季海棠	150规格红塑料盆h15	m²	3.8	64盆/m²		
33	银叶菊	220规格红塑料盆h15	m²	7.3	49盆/m²		
34	羽扇豆	200规格红塑料盆h50	m²	2	9盆/m²		
35	飞燕草	220规格红塑料盆h50	m²	3.2	12盆/m²		
36	美人蕉	180规格红塑料盆h40	m²	6.4	16盆/m²		
37	石竹	120规格红塑料盆h10	m²	8.2	64盆/m²		
38	彩叶草	120规格红塑料盆h53	m²	2.9	64盆/m²		
39	金雀花	180规格红塑料盆h50	m²	0.6	10盆/m²		
40	花叶蔓	360规格红塑料盆h20	m²	6.2	9盆/m²		
41	鼠尾草	120规格红塑料盆h15	m²	3.3	64盆/m²		

植物更换计划表

	名称	颜色	密度	面积	单位
			春季		
1	满天星	绿色	36株/m²	10	m²
2	石竹	绿色	36株/m²	9	m²
3	角堇	绿色	36株/m²	12	m²
4	五色梅	绿色	36株/m²	7	m²
			夏季		
1	鸡冠花	绿色	36株/m²	6	m²
2	矮牵牛	绿色	36株/m²	7	m²
3	孔雀草	绿色	36株/m²	11	m²
4	一串红	绿色	36株/m²	13	m²
5	石竹	绿色	36株/m²	9	m²
			秋季		
1	五色梅	绿色	36株/m²	6	m²
2	石竹	绿色	36株/m²	12	m²
3	玫红筋骨草	绿色	36株/m²	5	m²
4	满天星	绿色	36株/m²	5	m²
5	一串红	绿色	36株/m²	8	m²

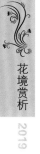

阳光瑶海，浣溪叠石

合肥绿叶园林工程有限责任公司

春季实景

夏季实景

阳光瑶海，浣溪叠石

　　流淌的花溪，从岛头散落的置石处倾泻而下，犹如潺潺花溪，源远流长，周而复始，形成一个有机的生态景观循环。

　　专家点评：花境与背景植物较为协调，立面层次丰富。斑马等动物造型为花境增添了乐趣。部分植物个体生长充分，展现出植物的个体美。

秋季实景

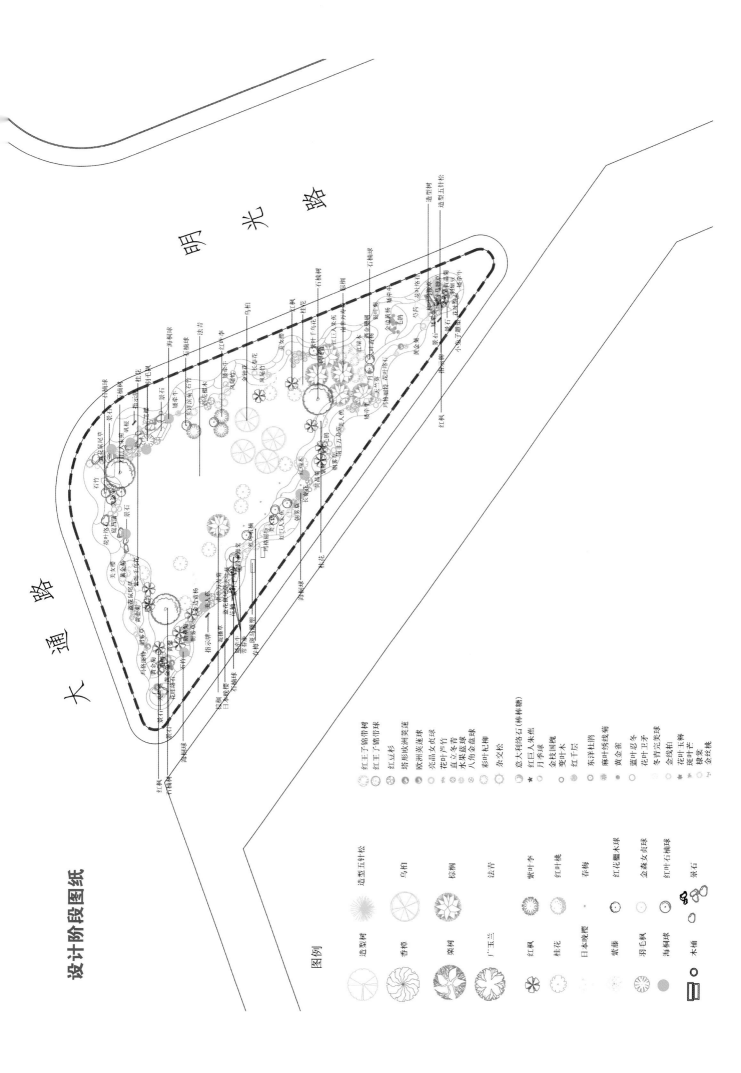

设计阶段图纸

图例

花境植物材料

一、乔木、灌木				
序号	品种名称	单位	数量	规格	备注
1	棕榈	株	6		修剪
2	石楠树	株	3		修剪
3	法青	株	11		修剪
4	乌桕	株	4	杆径12-15	
5	造型五针松	株	1		
6	造型树	株	1		
7	红枫	株	12	D5-6	
8	桂花	株	14	W250-350，H350-450	
9	红叶李	株	3	D6-8	
10	羽毛枫	株	1	D6-8	
11	日本晚樱	株	5	D6-8	
12	春梅	株	7	D5-6	
13	海桐球	株	11	W150	
14	石楠球	株	13	W150	

二、花境骨架树种				
序号	品种名称	单位	数量	规格	备注
1	东洋杜鹃	丛	12	W80	大容器苗
2	光纤草	丛	2	H20	容器苗
3	水果蓝球	株	6	W80	大容器苗
4	冬青完美球	株	3	W80	大容器苗
5	黄金雀	丛	15	H60-80，W40-50	容器苗
6	意大利络石（棒棒糖）	株	2	H180-200	造型容器苗
7	欧洲荚蒾球	株	2	W150-200	大容器苗
8	金线柏	株	5	H50-60，W30-40	容器苗，五加仑
9	红豆杉	株	10	H150-200，W80-100	大容器苗
10	花叶玉簪	株	3	H40-50	容器苗
11	塔形欧洲荚蒾	株	3	H200	造型容器苗
12	月季球	株	2	W80-100	造型容器苗
13	杂交松	株	3	H100-120	造型容器苗
14	亮晶女贞球	株	7	W100-120	容器苗
15	直立冬青	株	40	H80-100	容器苗
16	彩叶杞柳	丛	11	H150-200，W150-200	容器苗
17	蓝叶忍冬	丛	23	W100-120	容器苗
18	斑叶芒	丛	2	H80-100	容器苗
19	'红王子'锦带	丛	13	H150-200，W80-100	特大容器苗
20	金丝桃	丛	10	H50-60，W40-50	容器苗
21	变叶木	株	3	W60-80	容器苗
22	红千层	株	1	H150-180，W120-150	特大容器苗
23	金枝国槐	丛	8	W150-200	特大容器苗
24	'红王子'锦带球	株	1	W150-200	特大容器苗
25	八角金盘	丛	1	H80-100	大容器苗
26	花叶卫矛	丛	1	H100-120，W80-100	容器苗

三、下木树种				
序号	品种名称	单位	数量	规格	备注
1	石竹	m²	19	H20	180规格红塑盆
2	花叶络石	m²	26	H20	180规格红塑盆
3	黄金菊	m²	33	H60	240规格红塑盆
4	庭菖蒲	m²	2	H40-50	一加仑
5	美女樱	m²	15	H30	180规格红塑盆
6	蓝花鼠尾草	m²	30	H60	180规格红塑盆
7	朝雾草	m²	19	H60	一加仑
8	玛格丽特	m²	18	H30	180规格红塑盆
9	天竺葵	m²	17	H40	180规格红塑盆
10	紫叶千鸟花	m²	28	H60	240规格红塑盆
11	凤尾竹	m²	27	H80	
12	毛鹃	m²	37	H50	
13	黄馨	m²	9	L60	
14	勋章菊	m²	2	H30	180规格红塑盆
15	金边黄杨	m²	22	H60	
16	美人蕉	m²	14	H120-150	二加仑

三、下木树种

序号	品种名称	单位	数量	规格	备注
17	南非万寿菊	m²	13	H20	180规格红塑盆
18	四季海棠	m²	3	H20	180规格红塑盆
19	长春花	m²	10	H30	240规格红塑盆
20	'红巨人'朱蕉	m²	9	H50-60	一加仑
21	红叶石楠	m²	13	H60	
22	黄晶菊	m²	12	H30	180规格红塑盆
23	红瑞木	m²	20	H90	
24	矮牵牛	m²	47	H20	240规格红塑盆
25	月季	m²	8	H40-50	240规格红塑盆
26	芍药	m²	12	H50-60	240规格红塑盆
27	羽扇豆	m²	2	H50-60	180规格红塑盆
28	金鱼草	m²	8	H40-50	180规格红塑盆
29	柳叶马鞭草	m²	8	H70-80	240规格红塑盆
30	银叶菊	m²	5	H30	180规格红塑盆
31	大叶黄杨	m²	9	H60	
32	洒金珊瑚	m²	16	H60	
33	金钟花	m²	10	H60	
34	红花檵木	m²	16	H60	
35	东洋滨菊	m²	7	H40-50	180规格红塑盆
36	芝樱	m²	9	H20	180规格红塑盆
37	矾根	m²	5	H20	180规格红塑盆
38	常春藤	m²	1	L120	240规格红塑盆
39	混播草	m²	482		

四、构筑物

序号	品种名称	单位	数量	规格	备注
1	指示牌	个	3		
2	斑马雕塑	个	2		
3	小兔子雕塑	个	3		
4	花桶	个	3		
5	景石	块	22		现场灵活搭配，结合植物造景，有的放置在草坪上，有的放置在灌木中，有的结合混合花境放置，大的长度不超过1.8m，高度不超过0.8m，小的长度不小于0.6m，高度不低于0.3m。

植物更换计划表

序号	名称	颜色	密度（株/m²）	面积（m²）
春季				
1	满天星	绿色	36	16
2	石竹	绿色	36	20
3	角堇	绿色	36	15
4	孔雀草	绿色	36	10
夏季				
1	石竹	绿色	36	5
2	一串红	绿色	36	12
3	孔雀草	绿色	36	10
4	矮牵牛	绿色	36	5
5	鸡冠花	绿色	36	7
6	长春花	绿色	36	19
秋季				
1	五色梅	绿色	36	8
2	石竹	绿色	36	10
3	繁星花	绿色	36	15
4	满天星	绿色	36	9
5	一串红	绿色	36	4
冬季				
1	三色堇	绿色	36	16
2	矮牵牛	绿色	36	12
3	羽衣甘蓝	花叶	36	17

寻花觅境

合肥湖滨物业管理有限公司

专家点评：植物与湖石、小品比例和谐，色彩对比强烈。前景植物更换及时，景观效果比较稳定。

春季实景

夏季实景

秋季实景

寻花觅境

　　该花境是典型的交通岛花境，可以多面观赏。总体分为4个板块，连起来犹如一条蜿蜒曲折的"密林小路"，核心理念主要是"绿色、野趣、花境、寻觅"。在设计时通过道路现有的环境和地形情况，在考虑安全性的同时，选择花灌木、宿根花卉、球根花卉、一二年生花卉等40多种植物进行色彩、高低、观赏季节的搭配，形成高低错落、层次丰富的立面效果；色彩上明暗鲜明，灵动跳跃，另外搭配多种类的动物景观小品，增加了花境的趣味性，犹如置身在大自然中，觅得了一处径幽花满的生态意境。

设计阶段图纸

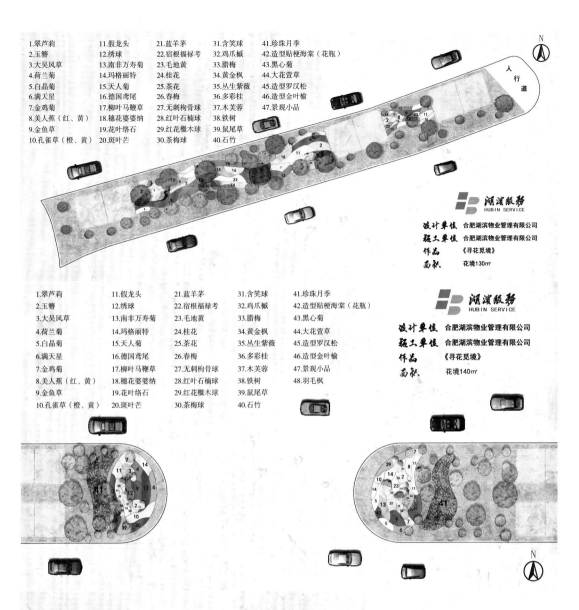

1.翠芦莉　　　11.假龙头　　　21.蓝羊茅　　　31.含笑球　　　41.珍珠月季
2.玉簪　　　　12.绣球　　　　22.宿根福禄考　32.鸡爪槭　　　42.造型贴梗海棠（花瓶）
3.大吴风草　　13.南非万寿菊　23.毛地黄　　　33.腊梅　　　　43.黑心菊
4.荷兰菊　　　14.玛格丽特　　24.桂花　　　　34.黄金枫　　　44.大花萱草
5.白晶菊　　　15.天人菊　　　25.茶花　　　　35.丛生紫薇　　45.造型罗汉松
6.满天星　　　16.德国鸢尾　　26.春梅　　　　36.多彩桂　　　46.造型金叶榆
7.金鸡菊　　　17.柳叶马鞭草　27.无刺枸骨球　37.木芙蓉　　　47.景观小品
8.美人蕉（红、黄）18.穗花婆婆纳　28.红叶石楠球　38.铁树
9.金鱼草　　　19.花叶络石　　29.红花檵木球　39.鼠尾草
10.孔雀草（橙、黄）20.斑叶芒　　30.茶梅球　　　40.石竹

1.翠芦莉　　　11.假龙头　　　21.蓝羊茅　　　31.含笑球　　　41.珍珠月季
2.玉簪　　　　12.绣球　　　　22.宿根福禄考　32.鸡爪槭　　　42.造型贴梗海棠（花瓶）
3.大吴风草　　13.南非万寿菊　23.毛地黄　　　33.腊梅　　　　43.黑心菊
4.荷兰菊　　　14.玛格丽特　　24.桂花　　　　34.黄金枫　　　44.大花萱草
5.白晶菊　　　15.天人菊　　　25.茶花　　　　35.丛生紫薇　　45.造型罗汉松
6.满天星　　　16.德国鸢尾　　26.春梅　　　　36.多彩桂　　　46.造型金叶榆
7.金鸡菊　　　17.柳叶马鞭草　27.无刺枸骨球　37.木芙蓉　　　47.景观小品
8.美人蕉（红、黄）18.穗花婆婆纳　28.红叶石楠球　38.铁树　　　48.羽毛枫
9.金鱼草　　　19.花叶络石　　29.红花檵木球　39.鼠尾草
10.孔雀草（橙、黄）20.斑叶芒　　30.茶梅球　　　40.石竹

湖滨服务
HUBIN SERVICE
设计单位　合肥湖滨物业管理有限公司
施工单位　合肥湖滨物业管理有限公司
作品　　　《寻花觅境》
面积　　　花境130㎡

湖滨服务
HUBIN SERVICE
设计单位　合肥湖滨物业管理有限公司
施工单位　合肥湖滨物业管理有限公司
作品　　　《寻花觅境》
面积　　　花境140㎡

1.翠芦莉　　　7.金鸡菊　　　13.南非万寿菊　5.白晶菊　　　38.铁树
11.假龙头　　8.美人蕉（红、黄）14.玛格丽特　9.金鱼草　　　45.造型罗汉松
39.鼠尾草　　43.黑心菊　　　20.斑叶芒　　　4.荷兰菊　　　24.桂花　　47.景观小品
23.毛地黄　　10.孔雀草（橙、黄）22.宿根福禄考　48.羽毛枫

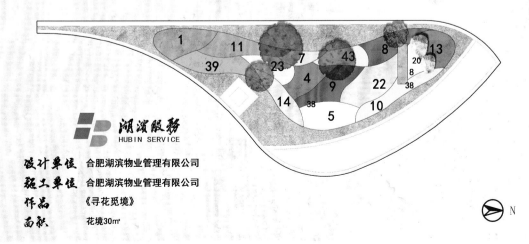

湖滨服务
HUBIN SERVICE
设计单位　合肥湖滨物业管理有限公司
施工单位　合肥湖滨物业管理有限公司
作品　　　《寻花觅境》
面积　　　花境30㎡

飞花掠影

华艺生态园林股份有限公司

专家点评： 多年生花卉与造型榉木互为衬托，橙色的陶罐、铁艺的花蕊，与植物形成鲜明的对比。

春季实景

夏季实景

飞花掠影

针对绿地在周边环境中不显眼的情况，通过纵向空间的营造，几株高大的银杏以及少量花灌木的点缀，不仅满足了安全视线要求，还拉伸了绿地的空间层次。

下层借自然界虫鸟飞掠花丛的景象，通过禾本科类白色的花序，轻柔的线条，凸显出小品剪影，配以色彩丰富的花卉，感受于自然花丛的美，陶醉于飞掠花丛瞬间的美影。

通过多层次的营建，以及砂砾、木桩等组合，形成自然生态的花境，感受自然形态与花木的相互掩映。

秋季实景

花境植物材料

序号	苗木名称	科	属	拉丁名	花（叶）色	开花（观叶）期	株型	规格（cm）高度	冠幅	胸径	单位	数量	株数	备注
1	银杏	银杏科	银杏属	Ginkgo biloba	叶秋季黄色	10~11月	圆锥形	800~850	350~400	15	株	2	2	实生苗，树干挺拔，分枝点250cm以上，
2	金桂	木犀科	木犀属	Osmanthus sp.	金黄色	9~10月	圆锥形	300~350	250~280		株	1	1	丛生苗，树形优美，枝叶饱满，
3	红花檵木	金缕梅科	檵木属	Loropetalum chinense var. rubrum	花紫红色，嫩枝红褐色	4~5月	桩景造型	50~80			株	1	1	精品苗，树形优美，枝叶饱满，
4	南天竹	小檗科	南天竹属	Nandina domestica	叶鲜红色	四季	丛生散型	30~40	25		丛	2	2	容器苗，4~5分枝/丛
5	亮金女贞球	木犀科	木犀属	Ligustrum vicaryi	春季新叶鲜黄色，至冬季转为金黄色	四季	饱满球形	70~80	50~60		株	4	4	容器苗，亮脚<20cm，
6	水果蓝球	唇形科	香科科属	Teucrium fruticans	全株被白色茸毛，蓝灰色	四季	球形	80	100		株	3	3	容器苗，亮脚<20cm，
7	直立冬青	冬青科	冬青属	Ilex 'Sky Pencil'	深绿色	四季	笔直型	120	20~30		株	5	5	容器苗，全冠苗，形优美
8	金边胡颓子球	胡颓子科	胡颓子属	Elaeagnus pungens var. variegata	叶背银色，叶面深绿色，深绿色边缘有一圈金边	四季	球形	50	60		株	2	2	容器苗，亮脚<20cm，
9	红枫	槭树科	槭属	Acer palmatum 'Atropurpureum'	红-绿-红	春夏秋	圆锥形	250~300	200~250	D8	株	1	1	容器苗，全冠苗，形优美
10	金边丝兰	百合科	丝兰属	Yucca aloifolia f. marginnata	叶黄色	四季	螺旋状球型	25~30			株	10	10	容器苗，全冠苗，形优美
11	'红星'朱蕉	百合科	朱蕉属	Cordyline australis 'Red Star'	叶红褐色	四季	直立披散型	50~100			株	5	5	容器苗，全冠苗，形优美
12	'红之风'画眉草	禾本科	画眉草属	Eragrostis ferruginea	粉红色	8~11月	直立丛生	25~30			丛	8	8	容器苗，全冠苗，形优美
13	蒲苇	禾本科	蒲苇属	Cortaderia selloana 'Pumila'	银白色至粉红色	9~10月	直立疏散型	100~120			丛	2	2	容器苗，全冠苗，形优美
14	细叶针芒	禾本科	针茅属	Stipa lessingiana Trin	绿白色	5~6月	密集丛生	80~110			丛	3	3	容器苗，全冠苗，形优美
15	粉黛乱子草	禾本科	乱子草属	Muhlenbergia capillaris	粉红色	9~11月	直立疏散型	80~100			丛	1	1	容器苗，全冠苗，形优美
16	'小兔子'狼尾草	禾本科	狼尾草属	Pennisetum alopecuroides 'Little Bunny'	黄、白色	7~11月	直立疏散型	80~100			丛	6	6	容器苗，全冠苗，形优美
17	紫叶狼尾草	禾本科	狼尾草属	Pennisetum setaceum 'Rubrum'	紫红色	7~11月	直立疏散型	80~100			丛	3	3	容器苗，全冠苗，形优美
18	墨西哥鼠尾草	唇形科	鼠尾草属	Salvia leucantha	紫红色	10~11月	直立型	40~60			m²	3.5	56	容器苗，16株/m²
19	观赏谷子	禾本科	狼尾草属	Pennisetum glaucum	银白色，紫色至紫黑色	6~9月	直立疏散型	40~60			m²	2.1	53	容器苗，25株/m²
20	麻叶绣线菊	蔷薇科	绣线菊属	Spiraea cantoniensis	白色	4~5月	披散型	40~50			m²	3.7	60	容器苗，16株/m²
21	'甜心'玉簪	百合科	玉簪属	Hosta 'So Sweet'	白色带紫色条纹	6~9月	紧密丛生型	20~40			m²	4.8	173	容器苗，36株/m²
22	花叶山菅兰	百合科	山菅属	Dianella ensifolia 'Silvery Stripe'	淡紫色	6~8月	丛生	40~50			m²	3.3	53	容器苗，16株/m²
23	金叶石菖蒲	天南星科	菖蒲属	Acorus gramineus 'Ogan'	绿色	4~5月	丛生	30~40			m²	5	180	容器苗，36株/m²
24	彩叶络石	夹竹桃科	络石属	Trachelospermum jasminoides 'Flame'	白、紫色	4~5月	木质藤本	20~60			m²	2.6	94	容器苗，36株/m²

（续）

序号	苗木名称	科	属	拉丁名	花（叶）色	开花（观叶）期	株型	规格（cm）高度	冠幅	胸径	单位	数量	株数	备注
25	黄金络石	夹竹桃科	络石属	Trachelospermum asiaticum 'Summer Sunset'	鲜红、古铜、金黄、纯白、橘红色	四季	木质藤本	20~60			m²	3.6	90	容器苗，25株/m²
26	大花秋葵	锦葵科	木槿属	Hibiscus moscheutos	深紫红、桃红、红、浅粉、白色等 粉	8~10月	圆润散生型	15~45			m²	4.2	42	容器苗，10株/m²
27	八宝景天	景天科	八宝属	Hylotelephium erythrostictum	白、紫红、玫红色	8~9月	直立丛生型	30~40			m²	3.9	141	容器苗，36株/m²
28	五色梅	马鞭草科	马缨丹属	Lantana camara	有红、粉红、黄、橙黄、白色等	5~10月	散生型	30~40			m²	4	144	容器苗，36株/m²
29	花叶太阳花	马齿苋科	马齿苋属	Portulaca 'Hana Misteria'	桃红色	5~11月	匍匐低矮型	10~15			m²	2	80	容器苗，40株/m²
30	朝雾草	菊科	蒿属	Artemisia schmidtiana		7~8月	匍匐型	10			m²	2.1	34	容器苗，16株/m²
31	母菊	菊科	母菊属	Matricaria recutita	白色	7~11月	丛生	20~30			m²	3.6	90	容器苗，25株/m²
32	翠芦莉	爵床科	芦莉草属	Ruellia brittoniana	紫色	3~10月	直立散生型	30~50			m²	4	120	容器苗，30株/m²
33	四季海棠	秋海棠科	秋海棠属	Begonia semperflorens	橙红、桃红、粉红、白色等	四季	匍匐型	15~30			m²	2.4	96	容器苗，40株/m²
34	果岭草										m²	15		满铺
35	火山岩										m³	0.2		覆盖物，厚10cm
36	草石隔根带										m	27		宽度15cm
37	矮木桩										m²	2		
38	土方量										m³	36		
39	泥炭土										m³	10		
40	景石										t	8		河卵石，散置，平均密度2.7t/m³

更换计划表

11月中下旬苗木更换计划表

序号	原品种	更换的苗木 品种名称	科	属	拉丁名	花（叶）色	开花（观叶）期	株型	规格（cm）高度	冠幅	单位	数量	密度（株/m²）	株数	备注
1	花叶太阳花，五色梅	三色堇	堇菜科	堇菜属	Viola tricolor	紫、白、黄、蓝色	11月至翌年3月	丛生型	15~20	10~15	m²	6	49	294	容器苗
2	小菊	角堇	堇菜科	堇菜属	Viola cornuta	红、白、黄、紫、蓝、黄色	12月至翌年4月	丛生型	10~15	10~15	m²	3.6	49	177	容器苗
3	四季海棠，八宝景天	羽衣甘蓝	十字花科	芸薹属	Brassica oleracea var. acephala f. tricolor	紫红、灰绿、蓝、黄	1~3月	矮生型	10~15	10~15	m²	6.3	49	310	容器苗

4月中下旬苗木更换计划表

序号	原品种	更换的苗木 品种名称	科	属	拉丁名	花（叶）色	开花（观叶）期	株型	规格（cm）高度	冠幅	单位	数量	密度（株/m²）	株数	备注
1	羽衣甘蓝	细叶美女樱	马鞭草科	马鞭草属	Verbena tenera	红、蓝紫色	4~10月下旬	匍匐型	15~20	10~15	m²	2	49	98	容器苗
2	雏菊	雏菊	菊科	雏菊属	Bellis perennis	红、粉紫色	3~6月	矮生型	10~15		m²	3.6	49	177	容器苗
3	大花秋葵	柳叶马鞭草	马鞭草科	马鞭草属	Verbena bonariensis	蓝紫色	5~10月	直立丛生型	100~150		m²	4.2	36	152	容器苗

设计阶段图纸

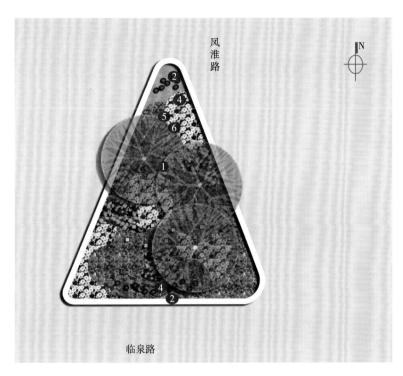

凤淮路

临泉路

N

1 花境
2 矮木桩
3 圆木桩铺地
4 豆粒砾石/环保材料
5 火山岩
6 花鸟飞虫景观小品

0 5 10   25m

创新高新

华艺生态园林股份有限公司

春季实景

夏季实景

创新高新

以黄红蓝三原色为基础，提炼出创新产业园的三个特色基底。

黄：以土壤颜色，表示原生态的自然资源，指"一山两湖"。

红：红色的木屑、火山岩覆盖物，表示创新产业园以高科技人才和科技文化为基础。

蓝：蓝色的木屑覆盖物，表示创新产业园以先进高科技产业为基础。

以"黄"的自然鬼斧和"红、蓝"创新科技人才智慧神工的结合，日月创造出层出不穷的科技产品。这就是创新产业园——高新区。

三种基底上，运用浮岛、丛林竞长、孤植丛生等多样的配置手法，寓意创新平台包含多类型的创新产业，在这个平台上，拥有各自的空间。植物以宿根花卉、花灌木、观赏草打造一个生态自然、花期长、更换次数少的花境景观。

专家点评： 蓝色覆盖物丰富了色彩对比。景观通透而不失层次感。秋季观赏草的花序柔化了石头的僵硬。

秋季实景

花境植物材料

序号	苗木名称	科	属	拉丁名	花（叶）色	开花（观叶）期	株型	规格（cm）			单位	数量	株数	备注
								高度	冠幅	胸径				
1	日本晚樱	蔷薇科	李属	Prunus lannesiana	粉红色	4~5月	卵形	200~220	150~200	D6	株	2	2	树形优美、枝叶饱满
2	木槿	锦葵科	木槿属	Hibiscus syriacus	粉红、紫红色	7~10月	卵形	220	150		株	3	3	丛生苗、枝叶饱满
3	接骨木	忍冬科	接骨木属	Sambucus williamsii	白色	4~5月	披散型	120	100		株	5	5	容器苗、亮脚<20cm
4	金叶榆	榆科	榆属	Ulmus pumila 'Jinye'	叶片金黄色	春夏秋	直立球形	150~200	60~80		株	4	4	容器球苗、全冠苗
5	花叶锦带	忍冬科	锦带花属	Weigela florida 'Variegata'	红、粉红色	4~6月	落叶紧密型	50~60	80~120		株	1	1	容器苗
6	红星朱蕉	百合科	朱蕉属	Cordyline australis 'Red Star'	叶红褐色	四季	直立披散型	50~80	40~50		株	33	33	容器苗
7	矮蒲苇	禾本科	蒲苇属	Cortaderia selloana 'Pumila'	银白、粉红色	9~10月	直立丛生型	120	60~100		丛	7	7	容器苗
8	红花檵木	金缕梅科	檵木属	Loropetalum chinense var. rubrum	紫红色	3~5月	球形	150			株	5	5	光球、亮脚<30cm
9	亮金女贞球	木犀科	女贞属	Ligustrum vicaryi	春季新叶鲜黄色，至冬季转为金黄色	四季	饱满球形	100	100		株	2	2	光球、亮脚<30cm
10	水果蓝球	唇形科	香科科属	Teucrium fruticans	全株被白色绒毛，蓝灰色	四季	球形	80	80		株	8	8	光球、亮脚<30cm
11	花叶玉簪	百合科	玉簪属	Hosta undulata	浓绿色。叶面中部有乳黄色和白色纵纹及斑块	春夏秋	丛生	50~60	80~100		丛	9	9	容器苗
12	彩叶杞柳	杨柳科	柳属	Salix integra 'Hakuro Nishiki'	叶子有乳白和粉红色斑	春夏秋	开展型	150~200	60~80		株	3	3	容器苗
13	矮蒲苇	禾本科	蒲苇属	Cortaderia selloana 'Pumila'	银白、粉红色	9~10月	直立丛生型	120	60~100		m²	1.2	5	4株/m²，容器苗
14	滨菊	菊科	滨菊属	Leucanthemum vulgare	白色	5~6月	直立丛生	40~80	30~40		m²	3.6	90	25株/m²，容器苗
15	紫娇花	石蒜科	紫娇花属	Tulbaghia violacea	紫红、粉红色	5~11月	直立丛生型	40~60	20~30		m²	2.4	87	36株/m²，容器苗
16	园艺八仙花	虎耳草科	绣球属	/	白、蓝、红、粉色	6~7月	圆润丛生型	30~80	30~40		m²	9.8	157	16株/m²，容器苗
17	"无尽夏"八仙花	虎耳草科	绣球属	Hydrangea macrophylla 'Endless Summer'	白、蓝、红、粉色	4~10月	圆润丛生型	60~100	80~100		m²	3.1	28	9株/m²，容器苗
18	墨西哥羽毛草	禾本科	针茅属	Stipa tenuissima	银白色	6~9月	密集丛生	30~50	30~35		m²	7.5	188	25丛/m²，容器苗
19	花叶美人蕉	美人蕉科	美人蕉属	Canna warszewiczii	深红色	6~8月	直立丛生	150~200	80~120		m²	0.5	2	4株/m²，容器苗
20	金叶石菖蒲	天南星科	菖蒲属	Acorus gramineus 'Ogan'	绿色	4~5月	丛生	30~40			m²	1.3	32.5	25丛/m²，容器苗
21	'小兔子'狼尾草	禾本科	狼尾草属	Pennisetum alopecuroides 'Little Bunny'	白色	7~11月	直立疏散型	40~60	30~50		m²	3.5	87.5	25株/m²，容器苗
22	'金焰'绣线菊	蔷薇科	绣线菊属	Spiraea × bumalda 'Gold Flame'	玫瑰红色	6~9月	落叶紧密型	40~60	30~40		m²	1.8	29	16株/m²，容器苗
23	满天星	石竹科	石头花属	Gypsophila paniculata	淡红、紫色	6~8月	散生型	30~80	20~30		m²	23.1	578	25株/m²，容器苗
24	欧石竹	石竹科	石竹属	Dianthus carthusianorum	紫红、红、深粉红色	5~7月	丛生	30	30~35		m²	2	50	36丛/m²，容器苗
25	石竹	石竹科	石竹属	Dianthus chinensis	粉红色	5~8月	丛生	30			m²	1.5	54	36丛/m²，容器苗
26	姬小菊	菊科	鹅河菊属	Brachyscome angustifolia 'Brasco Violet'	蓝紫色	5~10月	匍匐型	20~25			m²	21.1	760	36株/m²，容器苗
27	"天堂之门"金鸡菊	菊科	金鸡菊属	Coreopsis rosea 'Heaven's Gate'	粉色	5~10月	丛生松散型	30~40	25~30		m²	4.3	108	25株/m²，容器苗
28	西伯利亚鸢尾	鸢尾科	鸢尾属	Iris sibirica	蓝紫色	4~5月	直立丛生	40~60	30~40		m²	1.2	30	25株/m²，容器苗

序号	苗木名称	科	属	拉丁名	花（叶）色	开花（观叶）期	株型	规格（cm）高度	冠幅	胸径	单位	数量	株数	备注
29	花叶芒	禾本科	芒属	Miscanthus sinensis 'Variegatus'	深粉色	9~10月	密集丛生	100~150	100~120		m²	1	2	2株/m²，容器苗
30	黄金菊	菊科	梳黄菊属	Euryops pectinatus	黄色	4~11月	丛生	40~50	30~35		m²	2.9	47	16株/m²，容器苗
31	银叶菊	菊科	千里光属	Senecio cineraria	花紫红色	6~9月	散生型	50~80	30~35		m²	0.5	8	16株/m²，容器苗
32	细叶芒	禾本科	芒属	Miscanthus sinensis	粉红色渐变为红色，秋季转为银白色	9~10月	直立疏散型	80~100			m²	0.6	6	9株/m²，容器苗
33	毛地黄	玄参科	毛地黄属	Digitalis purpurea	紫红色	5~6月	直立丛生	50~120	30~40		m²	2.4	37	16丛/m²，容器苗
34	四季海棠	秋海棠科	秋海棠属	Begonia semperflorens	橙红、桃红、粉红色	四季	匍匐型	15~25			m²	1.7	61	36株/m²，容器苗
35	花菖蒲	鸢尾科	鸢尾属	Iris ensata var. hortensis	紫色、白色	6~7月	直立丛生	40~100			m²	1	16	16丛/m²，容器苗
36	玫红美女樱	马鞭草科	马鞭草属	Verbena hybrida	玫红色	5~11月	矮生匍匐型	30~40	20~25		m²	3.2	115	36株/m²，容器苗
37	赤胫散	蓼科	蓼属	Polygonum runcinatum	白、粉红色	6~7月	丛生型	30~50	30~40			3.1	50	16丛/m²，容器苗
38	大吴风草	菊科	大吴风草属	Farfugium japonicum	黄色	8~11月	匍匐型	40~60	40~50		m²	2.2	35	16株/m²，容器苗
39	紫色狼尾草	禾本科	狼尾草属	Pennisetum setaceum 'Rubrum'	紫红色	7~11月	直立疏散型	50~80	40		m²	1.6	15	9株/m²，容器苗
40	八宝景天	景天科	八宝属	Hylotelephium erythrostictum	白、紫红、玫红色	8~9月	直立丛生型	30~50	20~30		m²	5.5	134	25丛/m²，容器苗
41	矮牵牛	茄科	碧冬茄属	Petunia hybrida	粉、紫、红色	4~12月	匍匐类型	20~45	20			2.1	103	49株/m²，容器苗
42	矮月季	蔷薇科	蔷薇属	Rosa chinensis	红、粉红、黄色	3~11月	矮生型	30~40	30		m²	4.9	123	25株/m²，容器苗
43	德国鸢尾	鸢尾科	鸢尾属	Iris germanica	淡紫、蓝紫、深紫色	4~5月	直立丛生	30~40			m²	3.8	61	16丛/m²，容器苗
44	'甜心'玉簪	百合科	玉簪属	Hosta 'So Sweet'	白色带紫色条纹	6~9月	紧密丛生型	35	50~55		m²	2.5	23	9丛/m²，容器苗
45	芙蓉菊	菊科	芙蓉菊属	Crossostephium chinense	黄绿色	花果期全年	蓬径丛生型	20~40	30~40		m²	0.2	5	25株/m²，容器苗
46	银纹沿阶草	百合科	沿阶草属	Ophiopogon intermedius 'Argenteo-marginatus'	淡蓝色	8~9月	丛生	40~60	30~40		m²	3.6	90	25株/m²，容器苗
47	丝兰	百合科	丝兰属	Yucca aloifolia f. marginata	叶缘金黄色	四季	螺旋状球形	30~40	30~40		m²	2	32	16株/m²，容器苗
48	白子莲	石蒜科	百子莲属	Agapanthus africanus	蓝、紫、白色	5~8月	直立丛生	60			m²	1.15	18	16丛/m²，容器苗
49	矾根	虎耳草科	矾根属	Heuchera micrantha	红色	4~10月	匍匐散生型	20~25	25~30		m²	0.6	15	25株/m²，容器苗
50	花叶络石	夹竹桃科	络石属	Trachelospermum jasminoides 'Flame'	花白、紫红、叶多色	4~5月	常绿藤本	50~100			m²	0.6	15	25株/m²，容器苗
51	花叶玉簪	百合科	玉簪属	Hosta undulata	浓绿色。叶面中部有乳黄色和白色纵纹及斑块	春夏秋	丛生	50~60	80~100		m²	7.05	34	9丛/m²，容器苗
52	千叶吊兰	蓼科	千叶兰属	Muehlenbeckia complexa	叶绿色	四季	匍匐丛生	15~25			m²	0.3	8	25丛/m²，容器苗
53	火星花	鸢尾科	雄黄兰属	Crocosmia crocosmiflora	红、橙、黄色	6~7月	直立丛生	30~50	20~30		m²	2.1	53	25丛/m²，容器苗
54	佛甲草	景天科	景天属	Sedum lineare	金黄色	5~6月	匍匐低矮型				m²	3.4	55	16丛/m²，容器苗
55	玛格丽特菊	菊科	木茼蒿属	Argyranthemum frutescens	白、粉红色	2~10月	直立丛生	40~50	30~40		m²	0.5	8	16丛/m²，容器苗
56	毛地黄钓钟柳	玄参科	钓钟柳属	Penstemon laevigatus ssp. digitalis	粉白、蓝紫色	4~5月	直立丛生	30~60	35~40		m²	7.8	125	16丛/m²，容器苗
57	龙舌兰	龙舌兰科	龙舌兰属	Agave americana var. mediopicta	中间黄色，或黄色中间有细窄的绿色条纹	四季	丛生	50~60	40~50		m²	0.4	2	4丛/m²，容器苗

更换计划表

9月中下旬苗木更换计划表

序号	原品种	品种名称	科	属	拉丁名	花（叶）色	开花（观叶）期	株型	高度	冠幅	单位	数量	密度（株/m²）	株数	备注
1	毛地黄	凤尾鸡冠花	苋科	青葙属	Celosia cristata 'Pyramidalis'	花红、黄、紫、白色	7~11月	直立型	60-80		m²	2.4	36	87	容器苗

11月中下旬苗木更换计划表

序号	原品种	品种名称	科	属	拉丁名	花（叶）色	开花（观叶）期	株型	高度	冠幅	单位	数量	密度（株/m²）	株数	备注
1	凤尾鸡冠花、满天星、'天堂之门'、金鸡菊	三色堇	堇菜科	堇菜属	Viola tricolor	紫、蓝、黄色	11月至翌年3月	丛生型	15~20	10~15	m²	29.8	49	1460	容器苗
2	四季海棠、玛格丽特菊	角堇	堇菜科	堇菜属	Viola cornuta	红、黄、紫色	12月至翌年4月	丛生型	10~15		m²	2.5	81	203	容器苗
3	黄金菊、矮牵牛	羽衣甘蓝	十字花科	芸薹属	Brassica oleracea var. acephala f. tricolor	紫红、灰绿、黄色	1~3月	矮生型	10~15	10~15	m²	5	49	245	容器苗

4月中下旬苗木更换计划表

序号	原品种	品种名称	科	属	拉丁名	花（叶）色	开花（观叶）期	株型	高度	冠幅	单位	数量	密度（株/m²）	株数	备注
1	羽衣甘蓝	花叶太阳花	马齿苋科	马齿苋属	Portulaca 'Hana Misteria'	桃红色	5~11月	匍匐低矮型	10~15		m²	3	49	147	容器苗
2		矮牵牛	茄科	碧冬茄属	Petunia hybrida	粉、紫、红色	4~12月	丛生和匍匐类型	20~45		m²	2	36	72	容器苗
3	角堇	矮牵牛	茄科	碧冬茄属	Petunia hybrida	粉、紫、红色	4~12月	丛生和匍匐类型	20~45		m²	2.5	36	90	容器苗
4	三色堇	桑葚斯凤仙花	凤仙花科	凤仙花属	Impatiens 'Sunpatiens'	橙色、紫红色	5~11月（霜降以前）	丛生	60	60	m²	20	6	120	容器苗
5	三色堇	巨无霸海棠	秋海棠科	秋海棠属	/	红色、玫红色	5~11月（霜降以前）	散生丛生	40~60	40~50	m²	9.8	16	157	容器苗

190

设计阶段图纸

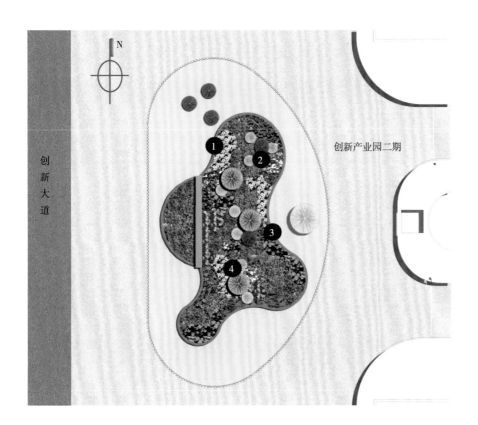

创新大道

创新产业园二期

1 花境
2 景观小品
3 原植物
4 增加植物
5 原植物

0 5 10   25m

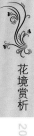
低碳包河—低碳出行—单车

安徽省蓝斯凯园林有限责任公司

夏季实景

低碳包河—低碳出行—单车

　　该花境地处龙川路与包河大道交口以西的交通岛上，车来车往，人流量巨大，设计师秉持"低碳出行 – 保护地球"的观念，将单车以园林小品的形式融入花境中，不仅增加了花境的观赏趣味，更希望能够引起人们对低碳出行的重视，希望人们减少私家车出行。该花境设计时用了多种植物，种类较为丰富。

　　专家点评：疏密有致的植物群落为植物充分生长预留了空间。以单车骑行造型阐释了低碳主题，也增加了花境的观赏趣味。

秋季实景

設計階段圖紙

龙川路与包河大道交口西花境竣工图

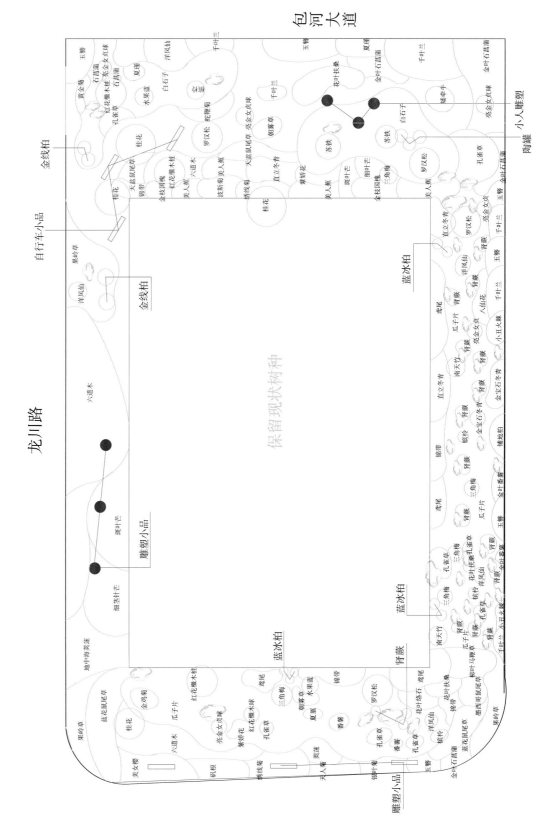

龙川路

包河大道

花境植物材料

序号	科属	中文名	拉丁名	备注	花（叶）色	开花期及持续时间（叶色变化期及观赏时间）	株型	长成高度（cm）	种植面积（m²）	种植密度	株数
1	蓼科千叶兰属	千叶兰	Muehlewbeckia complexa	/	绿色		丛生	26-30	9.20	25株/m²	230
2	柏科柏木属	'蓝冰'柏	Cupressus 'Blue Ice'	/	霜蓝色	全年	塔型	150~160	11.00	8棵/m²	88
3	豆科紫雀花属	金雀花	Parochetus communis	/	黄色	4~11月	匍匐	15~25	2.80	36株/m²	101
4	木犀科女贞属	金叶女贞	Ligustrum vicaryi	亮金女贞球	黄绿色	春夏秋季为观赏期	球型	200~250	10.00	25株/m²	250
5	百合科玉簪属	花叶玉簪	Hosta undulata	/	绿色有白边	春夏秋季为观赏期	丛生	26-30	10.00	49株/m²	490
6	罗汉松科罗汉松属	罗汉松	Podocarpus macrophyllus	/	绿色	全年	塔型	200~240	4.00	10棵/m²	40
7	小檗科南天竹属	南天竹	Nandina domestica	/	绿色	全年	丛生	51~55	13.00	25株/m²	325
8	美人蕉科美人蕉属	花叶美人蕉	Canna generalis 'Striatus'	/	红色	夏秋季节为观赏期	直立、单株	56~80	10.00	36株/m²	360
9	紫茉莉科叶子花属	三角梅	Bougainvillea glabra	/	玫红色	3~11月	塔型	80~120	8.00	5株/m²	40
10	苏铁科苏铁属	苏铁	Cycas revoluta	/	绿色	全年	/	70~100	4.00	10棵/m²	40
11	锦葵科木槿属	花叶扶桑	Hibiscus rosa-sinensis var. variegata	/	红色	夏秋季节为观赏期	直立、多分枝	90~110	12.00	25株/m²	300
12	豆科槐属	金枝国槐	Sophora japonica 'Golden Stem'	/	黄色	5~11月	树形	400~500	14.00	10棵/m²	140
13	唇形科香科科属	水果蓝球	Teucrium fruticans	/	绿色	全年	球型	40~45	9.00	25株/m²	225
14	菊科芙蓉菊属	芙蓉菊	Crossostephium chinense	/	灰绿色	全年	伞型	35~40	27.00	49株/m²	1323
15	禾本科芒属	细叶芒	Miscanthus sinensis	/	绿色，叶背有粉白色茸毛	全年	丛生	41~50	28.00	25~30株/m²、25丛/m²	17500
16	禾本科芒属	斑叶芒	Miscanthus sinensis 'Zebrinus'	/	绿色	全年	丛生	80~90	13.35	20丛/m²、5丛/m²	134
17	菊科蛇鞭菊属	蛇鞭菊	Liatris spicata	/	紫色	7~8月	鞭型	60~70	7.98	49株/m²	391
18	玄参科蝴蝶草属	夏堇	Torenia fournieri	/	粉色	夏秋季节为观赏期	丛生	25~30	6.00	36株/m²	216
19	木犀科木犀属	金桂	Osmanthus fragrans	/	绿色	全年	树形	80~100	6.00	10棵/m²	60
20	金缕梅科檵木属	红檵木桩	Loropetalum chinense var. rubrum	/	红色	夏秋季节为观赏期	桩型	180~200	6.00	36株/m²	216
21	杜鹃花科杜鹃属	夏鹃	Rhododendron pulchrum	/	红色	夏季	多分枝	45~50	2.00	49株/m²	98
22	天南星科石菖蒲属	金边石菖蒲	Acorus tatarinowii	/	绿色	全年	丛生	30~35	6.00	8~10株/m²、64丛/m²	3840
23	山茶科柃木属	滨柃球	Eurya emarginata	/	黄绿色	全年	球型	100~150	10.00	36株/m²	360
24	冬青科冬青属	冬青	Ilex chinensis	直立冬青	绿色	全年	树形	200~250	13.00	5株/m²	65
25	木犀科女贞属	银霜女贞球	Ligustrum japonicum 'Jack Frost'	/	绿色有黄边	全年	球型	200~250	5.00	25株/m²	125
26	石蒜科紫娇花属	紫娇花	Tulbaghia violacea	/	紫粉色	5~7月	直立	35~40	10.00	64丛/m²	640
27	蔷薇科绣线菊属	绣线菊	Spiraea salicifolia	/	粉色	6~8月	直立	45~50	11.00	49株/m²	539
28	美人蕉科美人蕉属	金叶美人蕉	Canna generalis 'Jinnye'	/	橙红色	6~10月	直立、单株	80~85	2.00	25株/m²	50
29	唇形科鼠尾草属	蓝花鼠尾草	Salvia farinacea	/	蓝紫色	5~10月	丛生	21~25	5.00	81株/m²	405

序号	科属	中文名	拉丁名	备注	花（叶）色	开花期及持续时间（叶色变化时间）（观赏期）	株型	长成高度（cm）	种植面积（m²）	种植密度	株数
30	茜草科栀子花属	小叶栀子花	Gardenia jasminoides	/	白色	6~8月	直立	41~45	1.00	49株/m²	49
31	忍冬科忍冬属	蓝叶忍冬	Lonicera korolkowii	/	红色	4~5月	直立	150~200	4.00	36株/m²	144
32	忍冬科六道木属	大花六道木球	Abelia × grandiflora	/	粉白色	夏秋季节为观赏期	球型	60~65	15.00	36株/m²	540
33	禾本科白茅属	日本血草	Imperata cylindrical 'Rubra'	/	红色	全年	丛生	31~40	2.00	49株/m²	98
34	忍冬科锦带花属	锦带花	Weigela florida	'红王子'锦带花球	红色	4~6月	球型	100~110	15.00	36株/m²	540
35	柏科扁柏属	金线柏	Chamaecyparis pisifera 'Filifera Aurea'	/	金黄色	全年	树形	45~50	4.00	10株/m²	40
36	禾本科针茅属	细叶针茅	Stipa lessingiana	/	绿色	全年	丛生	30~35	5.00	20株/丛，5丛/m²	500
37	忍冬科荚蒾属	地中海荚蒾	Viburnum tinus	/	白色	4~11月	球型	55~60	11.00	36株/m²	396
38	马鞭草科马鞭草属	美女樱	Verbena hybrida	紫密美女樱	紫色	5~11月	葡匐	36~40	2.00	64株/m²	128
39	菊科金鸡菊属	大花金鸡菊	Coreopsis grandiflora	/	黄色	5~9月	丛生	80~90	5.00	64株/m²，10丛/m²	3200
40	虎耳草科矾根属	矾根	Heuchera micrantha	/	红色	全年	伞状	21~25	5.00	64株/m²	320
41	菊科天人菊属	天人菊	Gaillardia pulchella	大花天人菊	橙黄色	6~8月	丛生	35~40	3.00	36株/丛，10丛/m²	1080
42	鸢尾科鸢尾属	西伯利亚鸢尾	Iris sibirica	/	紫色	4~5月	直立	36~40	5.00	36株/m²	180
43	蔷薇科风箱果属	金叶风箱果	Physocarpus opulifolius var. luteus	金叶风箱果球	黄绿色	春夏秋季为观赏期	球型	100~150	4.00	25株/m²	100
44	马鞭草科马鞭草属	柳叶马鞭草	Verbena bonariensis	/	紫色	5~9月	丛生	60~65	4.00	49株/m²，10丛/m²	1960
45	唇形科鼠尾草属	墨西哥鼠尾草	Salvia leucantha	/	紫色	6~9月	鞭型	45~50	3.87	81株/m²	313
46	禾本科狗牙根属	果岭草草皮	/	/	绿色	春夏秋季为观赏期	/	3~6	11.40	满铺	满铺
47	蔷薇科火棘属	'小丑'火棘	Pyracantha fortuneana 'Harlequin'	/	红色	全年	丛生	30~35	4.00	10株/m²	40
48	柏科圆柏属	铺地柏	Sabina procumbens	/	绿色	全年	球型	30~35	5.00	5株/m²	25
49	马齿苋科马齿苋属	太阳花	Portulaca grandiflora	/	黄白色	夏季	丛生	20~25	11.10	81株/m²	891
50	凤仙花科凤仙花属	凤仙	Impatiens balsamina	超级凤仙	红色	7~10月	直立	60~70	10.00	64株/m²	640
51	玄参科蝴蝶草属	夏堇	Torenia fournieri	/	粉色	夏秋季节	丛生	20~25	10.00	49株/m²	490
52	菊科万寿菊属	孔雀草	Tagetes patula	/	橙色	7~9月	直立	20~25	10.00	81株/m²	810
53	夹竹桃科长春花属	长春花	Catharanthus roseus	/	粉红色	全年	丛生	20~25	5.00	64株/m²	320
54	唇形科鞘蕊花属	彩叶草	Plectranthus scutellarioides	/	紫红色	全年	直立	20~30	4.00	49株/m²	196
55	马齿苋科马齿苋属	大花马齿苋	Portulaca grandiflora	/	红色	6~9月	簇生	20~25	5.00	81株/m²	405
56	茜草科五星花属	繁星花	Pentas lanceolata	/	红色	夏秋季节为观赏期	直立	36~40	6.00	64株/m²	384
57	秋海棠科秋海棠属	四季秋海棠	Begonia semperflorens	/	红色	全年	簇生	20~25	4.6	81株/m²	373
58	旋花科甘薯属	金叶甘薯	Ipomoea batatas 'Golden Summer'	/	黄绿色	春夏秋季为观赏期	丛生	30~35	5.3	36株/m²	191

岛状花境

低碳包河—低碳出行—徽州大道

安徽省蓝斯凯园林有限责任公司

专家点评：花境与框型植物雕塑、陶罐等元素相映成趣。

低碳包河—低碳出行

融合了低碳出行的理念，提醒人们低碳出行，保护我们的地球。

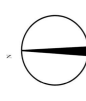

龙川路与徽州大道交口西花境竣工图

设计阶段图纸

N

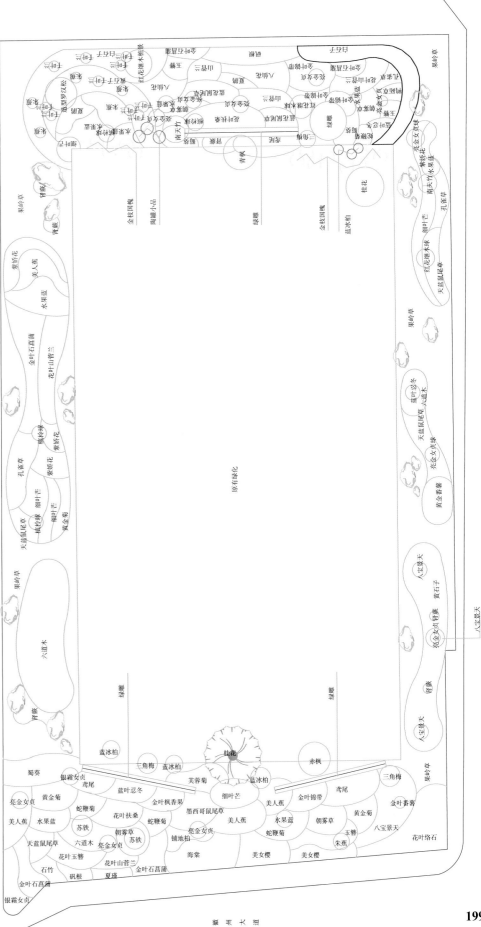

花境植物材料

序号	科属	中文名	拉丁名	备注	花（叶）色	开花期及持续时间（叶色变化期及观赏时间）	株型	长成高度（cm）	种植面积（m²）	种植密度	株数
1	罗汉松科罗汉松属	罗汉松	Podocarpus macrophyllus	/	绿色	全年	树形	200~240	1.00	10棵/m²	10
2	金缕梅科檵木属	红花檵木	Loropetalum chinense var. rubrum	/	红色	夏秋季节	桩型	180~200	1.00	25株/m²	25
3	柏科圆柏属	铺地柏	Sabina procumbens	/	绿色	全年	球型	30~35	3.00	36株/m²	108
4	豆科槐属	黄金槐	Sophora japonica 'Golden Stem'	/	黄色	5~11月	树形	80~100	14.00	10棵/m²	140
5	木犀科木犀属	金桂	Osmanthus fragrans	/	绿色	全年	树形	80~100	2.00	10棵/m²	20
6	槭树科槭属	红枫	Acer palmatum 'Atropurpureum'	/	红色	春、秋季叶红色，夏季叶紫红色	树形	80~100	2.00	10棵/m²	20
7	唇形科香科科属	水果蓝球	Teucrium fruticans	/	绿色	全年	球型	40~45	11.00	25株/m²	275
8	柏科柏木属	蓝冰柏	Cupressus 'Blue Ice'	/	绿色	全年	宝塔型	56~60	9.00	10株/m²	90
9	木犀科女贞属	金叶女贞	Ligustrum vicaryi	亮金女贞球	黄绿色	春夏秋季为观赏期	球型	56~60	14.00	25株/m²	350
10	忍冬科忍冬属	蓝叶忍冬	Lonicera korolkowii	/	红色	4~5月	直立	40~45	8.00	25株/m²	400
11	菊科蛇鞭菊属	蛇鞭菊	Liatris spicata	/	紫色	7~8月	鞭型	56~60	15.00	64株/m²	960
12	鸢尾科鸢尾属	西伯利亚鸢尾	Iris sibirica	/	紫色	4~5月	直立	36~40	13.00	49株/m²	637
13	爵床科芦莉草属	翠芦莉	Ruellia brittoniana	'紫萝莉'	紫色	3~10月	直立	36~40	5.00	81株/m²	405
14	菊科芙蓉菊属	芙蓉菊	Crossostephium chinense	/	灰绿色	全年	多分枝	36~40	10.00	49株/m²	490
15	百合科玉簪属	花叶玉簪	Hosta undulata	/	绿色有白边	春夏秋季为观赏期	丛生	26~30	10.00	49株/m²	490
16	鸭跖草科鸭跖草属	紫鸭跖草	Commelina purpurea	/	紫色	6~9月	丛生	25~30	10.00	36株/丛，10丛/m²	3600
17	百合科山菅兰属	银边山菅兰	Dianella ensifolia 'White Variegated'	花叶山菅兰	绿色黄边	全年	丛生	25~30	5.00	36株/m²	180
18	唇形科鼠尾草属	墨西哥鼠尾草	Salvia leucantha	/	紫色	6~9月	鞭型	45~50	5.00	64株/m²	320
19	菊科蒿属	朝雾草	Artemisia schmidtianai	/	绿色	全年	丛生	6~10	3.00	36株/m²	108
20	天南星科菖蒲属	金边石菖蒲	Acorus tatarinowii	/	黄绿色	全年	直立	30~35	10.00	8~10株/丛，64丛/m²	5120
21	蓼科千叶兰属	千叶兰	Muehlewbeckia complexa	/	绿色	全年	丛生	26~30	2.00	64株/m²	128
22	忍冬科锦带花属	锦带花	Weigela florida	'红王子'锦带花球	红色	4~6月	球型	100~110	28.00	81株/m²	2268
23	紫茉莉科叶子花属	三角梅	Bougainvillea glabra	/	玫红色	3~11月	塔型	80~120	4.00	15株/m²	60
24	蔷薇科风箱果属	金叶风箱果	Physocarpus opulifolius var. luteus	金叶风箱果球	黄绿色	春夏秋季为观赏期	球型	100~150	15.00	36株/m²	540
25	虎耳草科绣球属	'无尽夏'八仙花	Hydrangea macrophylla 'Endless Summer'	'无尽夏'	蓝色	6~9月	直立	55~60	5.50	36株/m²	198
26	杜鹃花科杜鹃属	夏鹃	Rhododendron pulchrum	/	红色	夏季	直立	65~80	10.00	36株/m²	360
27	锦葵科木槿属	花叶扶桑	Hibiscus rosa-sinensis var. variegata	/	红色	夏秋季节	直立	100~150	5.00	25株/m²	125
28	唇形科鼠尾草属	蓝花鼠尾草	Salvia farinacea	/	蓝紫色	5~10月	丛生	21~25	10.00	81株/m²	810
29	小檗科南天竹属	南天竹	Nandina domestica	/	绿色	全年	球型	51~55	6.00	25株/m²	125
30	旋花科番薯属	金叶番薯	Ipomoea batatas 'Tainon No.62'	/	黄绿色	春夏秋季观赏期	丛生	21~25	4.00	25株/m²	100
31	禾本科芒属	细叶芒	Miscanthus sinensis	/	绿色	春夏秋季为观赏期	丛生	41~50	8.00	25~30株/丛，25丛/m²	5000

（续）

序号	科属	中文名	拉丁名	备注	花（叶）色	开花期及持续时间（叶色变化期及观赏时间）	株型	长成高度（cm）	种植面积（m²）	种植密度	株数
32	石蒜科紫娇花属	紫娇花	Tulbaghia violacea	/	紫粉色	5~7月	丛生	35~40	23.40	64株/m²	1498
33	美人蕉科美人蕉属	花叶美人蕉	Cannaceae generalis 'Striatus.'	/	红色	夏秋季节	直立	56~80	8.70	36株/m²	313
34	山茶科柃木属	滨柃球	Eurya emarginata	/	黄绿色	全年	球型	36~40	18.00	36株/m²	648
35	菊科金鸡菊属	大花金鸡菊	Coreopsis grandiflora	/	黄色	5~9月	丛生	80~85	12.30	64株/丛，10丛/m²	7872
36	忍冬科六道木属	大花六道木球	Abelia × grandiflora	/	粉白色	夏秋季节	球型	60~65	13.00	36株/m²	468
37	美人蕉科美人蕉属	金人蕉	Canna generalis 'Jinnye'	金叶美人蕉	黄色	6~10月	直立	80~85	8.80	36株/m²	317
38	冬青科冬青属	花叶冬青	Ilex aquifolium 'Aureomarginata'	金宝石冬青	绿色有黄边	全年	直立	45~60	4.00	36株/m²	144
39	蔷薇科火棘属	小丑火棘	Pyracantha fortuneana 'Harlequin'	/	红色	全年	球型	36~40	10.00	25株/m²	250
40	苏铁科苏铁属	苏铁	Cycas revoluta	/	绿色	全年	/	70~100	2.00	10棵/m²	20
41	夹竹桃科络石属	花叶络石	Trachelospermum jasminoides 'Flame'	/	白色	全年	匍匐	60（藤长）	3.00	49株/m²	147
42	景天科八宝属	八宝景天	Hylotelephium erythrostictum	/	绿色	8~9月	直立	36~40	4.00	64株/m²	256
43	马齿苋科马齿苋属	太阳花	Portulaca grandiflora	/	黄白色	夏季	丛生	20~25	10.00	81株/m²	810
44	菊科万寿菊属	孔雀草	Tagetes patula	/	橙色	7~9月	直立	20~25	11.00	81株/m²	891
45	玄参科蝴蝶草属	夏堇	Torenia fournieri	/	粉色	夏秋季节	丛生	20~25	2.00	49株/m²	98
46	夹竹桃科长春花属	长春花	Catharanthus roseus	/	粉红色	全年	丛生	20~25	3.00	64株/m²	192
47	唇形科鞘蕊花属	彩叶草	Plectranthus scutellarioides	/	紫红色	全年	直立	20~30	6.00	81株/m²	486
48	马齿苋科马齿苋属	大花马齿苋	Portulaca grandiflora	/	黄，红色	6~9月	簇生	20~25	5.00	81株/m²	405
49	马鞭草科马缨丹属	五色梅	Lantana camara	/	黄，红色	全年	簇生	20~25	8.00	36株/m²	288
50	玄参科钓钟柳属	钓钟柳	Penstemon campanulatus	/	白色	夏秋季节	丛生	36~40	7.00	36株/m²	252
51	秋海棠科秋海棠属	四季秋海棠	Begonia semperflorens	/	红色	全年	簇生	20~25	8.00	81株/m²	648
52	/	景观白石子	/	/	白色	/	/	/	11.00	满铺	40袋
53	/	景观黄石子	/	/	黄色	/	/	/	8.00	满铺	35袋
54	/	景观置石	/	/	/	/	/	/	24.00	/	24组
55	/	陶罐小品	/	/	/	/	/	/	3.00	/	3组

更换计划表

序号	科属	中文名	拉丁名	品种名称	花（叶）色	开花期及持续时间（叶色变化期及观赏时间）	株型	长成高度（cm）	种植面积（m²）	种植密度	株数
1	马齿苋科马齿苋属	太阳花	Portulaca grandiflora	/	黄白色	夏季	丛生	20~25	10.00	81株/m²	810
2	菊科万寿菊属	孔雀草	Tagetes patula	/	橙色	7~9月	直立	20~25	14.21	81株/m²	1151
3	玄参科钓钟柳属	钓钟柳	Penstemon campanulatus	/	白色	夏秋季节	丛生	36~40	7.00	36株/m²	252

状岛花境

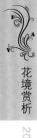

春芳秋韵

上海市上房绿化建设有限公司

专家点评：宿根花卉与造型树、山石相映成景。

春芳秋韵

　　春雨如烟似雾、如梦似幻，悄悄地落下来，飘飘洒洒，淅淅沥沥。慢慢地享受春雨的滋润，感受花的味道，感受花的娇艳，醉在其中。作品通过小品、景石、造型松结合各色植物搭配相互交映，每一步都能感受围绕在身边的自然气息，美在庐阳，爱在庐阳。

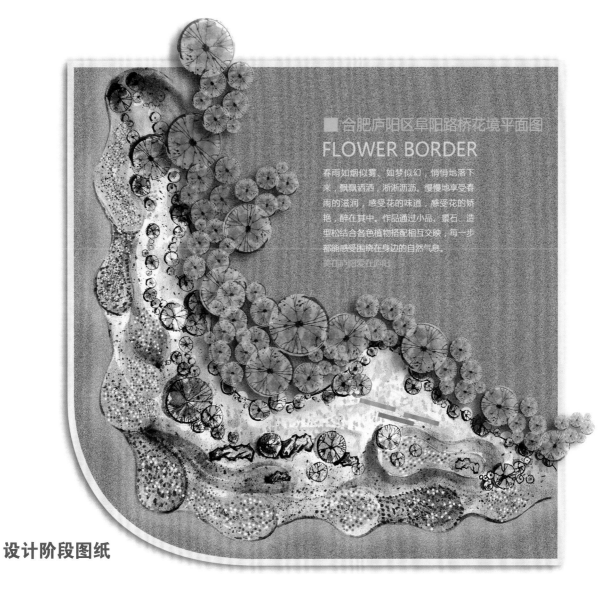

■合肥庐阳区阜阳路桥花境平面图
FLOWER BORDER

春雨如烟似雾、如梦似幻，悄悄地落下来，飘飘洒洒，淅淅沥沥。慢慢地享受春雨的滋润，感受花的味道，感受花的娇艳，醉在其中。作品通过小品、景石、造型松结合各色植物搭配相互交映，每一步都能感受围绕在身边的自然气息。

美在庐阳爱在庐阳

设计阶段图纸

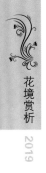

花境植物材料

序号	植物科属	中文名	拉丁名	花（叶）色	开花期及持续时间（叶色变化期及观赏时间）	株型	长成高度（cm）	种植高度（cm）	种植密度	株数	单位
1	木犀科女贞属	银姬小蜡球	Ligustrum sinense 'Variegatum'	花叶	常绿灌木	P40-60	120	80		4	株
2	冬青科冬青属	无刺枸骨球	Ilex cornuta var. fortunei	绿色	常绿灌木	P40-60	120	80		3	株
3	金缕梅科檵木属	红花檵木球	Loropetalum chinense var. rubrum	暗红色	常绿灌木	P40-60	120	80		2	株
4	木犀科女贞属	金森女贞球	Ligustrum japonicum 'Howardii'	绿色	常绿灌木	P40-60	120	80		7	株
5	木犀科女贞属	亮叶女贞球	Ligustrum quihoui	绿色	冬季落叶灌木	P40-60	120	80		2	株
6	木犀科女贞属	金禾女贞球	Ligustrum quihoui	黄色	半落叶灌木	P40-60	120	80		2	株
7	木犀科女贞属	金叶女贞球	Ligustrum × vicaryi	绿色	半落叶灌木	P40-60	120	80		2	株
8	杨柳科柳属	彩叶杞柳	Salix integra 'Hakuro Nishiki'	花叶	常绿草本	H100-150	150	100		7	株
9	禾本科芒属	芒草	Miscanthus sinensis	绿色	多年生草本	H200-300	300	200		4	株
10	小檗科南天竹属	火焰南天竹	Nandina domestica	红色	常绿灌木、冬季叶红	H60-80	80	60		1	株
11	槭树科槭属	鸡爪槭	Acer palmatum	深绿、鲜红色	落叶小乔木、秋季叶变红	P100-120	300	200		2	株
12	槭树科槭属	造型羽毛枫	Acer palmatum 'Dissectum'	深绿、鲜红色	落叶灌木、秋季叶变红	P80-100	250	200		1	株
13	松科松属	景观松	Pinus thunbergii	绿色	常绿乔木	H200-300	300	200		1	株
14	金缕梅科檵木属	红花檵木桩	Loropetalum chinense var. rubrum	暗红色	常绿灌木	P80-100	200	200		1	株
15	黄杨科黄杨属	金边黄杨	Buxus megistophylla	花叶	常绿灌木	H40-60	60	60	8株/m²	6	m²
16	杜鹃花科杜鹃属	毛鹃	Rhododendron pulchrum	绿色	常绿灌木	H40-60	60	60	8株/m²	8	m²
17	百合科山麦冬属	金边阔叶麦冬	Liriope muscari 'Variegata'	绿色	常绿草本				10株/m²	25	m²
18	百合科山麦冬属	兰花三七	Liriope cymbidiomorpha	绿色	常绿草本				10株/m²	25	m²
19	百合科虎尾兰属	金边虎皮兰	Sansevieria trifasciata 'Lanrentii'	花叶	多年生草本				25株/m²	6	m²
20	鸢尾科庭菖蒲属	庭菖蒲	Sisyrinchium rosulatum	绿色	宿根花卉，花期5月				36株/m²	1	m²
21	虎耳草科矾根属	矾根	Heuchera micrantha	红色	多年生草本，花期4~10月				36株/m²	3	m²
22	景天科景天属	佛甲草	Sedum lineare	绿色	多年生草本，花期4~5月				36株/m²	3	m²
23	鸢尾科鸢尾属	马蔺	Iris lactea var. chinensis	绿色	宿根花卉，花期5~6月				36株/m²	2	m²
24	夹竹桃科络石属	花叶络石	Trachelospermum jasminoides 'Flame'	花叶	常绿藤蔓				36株/m²	3	m²
25	天南星科菖蒲属	金叶石菖蒲	Acorus gramineus 'Ogan'	黄色	宿根花卉，花期4~5月				36株/m²	2	m²

植物更换计划表

序号	科属	中文名	拉丁文	花色	花期	密度（株/m²）	数量（株）	单位
春季								
1	马鞭草科马缨丹属	五色梅	Lantana camara	绿色	多年生草本，花期5~10月	36株/m²	18	m²
2	唇形科鼠尾草属	一串红	Salvia splendens	绿色	多年生草本，花期3~10月	36株/m²	16	m²
3	石竹科石竹属	石竹	Dianthus chinensis	绿色	多年生草本，花期5~6月	36株/m²	13	m²
4	菊科万寿菊属	孔雀草	Tagetes patula	绿色	一年生草本，花期7~9月	36株/m²	15	m²
夏季								
1	菊科万寿菊属	孔雀草	Tagetes patula	绿色	一年生草本，花期7~9月	36株/m²	9	m²
2	苋科青葙属	鸡冠花	Celosia cristata	绿色	一年生草本，花期7~9月	36株/m²	11	m²
3	菊科百日菊属	百日菊	Zinnia elegans	绿色	一年生草本，花期6~9月	36株/m²	12	m²
4	马鞭草科马缨丹属	五色梅	Lantana camara	绿色	多年生草本，花期5~10月	36株/m²	8	m²
5	唇形科鼠尾草属	一串红	Salvia splendens	绿色	多年生草本，花期3~10月	36株/m²	6	m²
6	石竹科石竹属	石竹	Dianthus chinensis	绿色	多年生草本，花期5~6月	36株/m²	18	m²
秋季								
1	菊科万寿菊属	孔雀草	Tagetes patula	绿色	一年生草本，花期7~9月	36株/m²	9	m²
2	苋科青葙属	鸡冠花	Celosia cristata	绿色	一年生草本，花期7~9月	36株/m²	11	m²
3	菊科百日菊属	百日菊	Zinnia elegans	绿色	一年生草本，花期6~9月	36株/m²	12	m²
4	马鞭草科马缨丹属	五色梅	Lantana camara	绿色	多年生草本，花期5~10月	36株/m²	8	m²
5	唇形科鼠尾草属	一串红	Salvia splendens	绿色	多年生草本，花期3~10月	36株/m²	6	m²
6	石竹科石竹属	石竹	Dianthus chinensis	绿色	多年生草本，花期5~6月	36株/m²	18	m²
冬季								
1	堇菜科堇菜属	三色堇	Viola tricolor	绿色	一年生草本，花期12月至翌年3月	36株/m²	18	m²
2	堇菜科堇菜属	角堇	Viola cornuta	绿色	一年生草本，花期12月至翌年3月	49株/m²	16	m²
3	茄科碧冬茄属	矮牵牛	Petunia hybrida	绿色	一年生草本，花期周年	36株/m²	13	m²
4	十字花科芸薹属	羽衣甘蓝	Brassica oleracea var. acephala f. tricdor	花叶	二年生草本	36株/m²	15	m²

岛状花境

在世界行走—为庐阳停留

上海市上房绿化建设有限公司

在世界行走—为庐阳停留

"天街小雨润如酥,草色遥看近却无。"初来乍到的春,用温润柔滑的雨珠唤醒了一冬的沉寂,春草芽儿细细地冒出,朦朦胧胧中,那抹极淡极淡的新绿若隐若现;"随风潜入夜,润物细无声。"作品通过小品、景石、造型松结合各色植物搭配相互交映,每一步都能感受到围绕在身边的自然气息。

专家点评:花境流畅的边缘线条与曲线型的装饰物相吻合。山石与观赏草形成刚柔相济的对比效果。

FLOWER BORDER
■ 合肥四里河花境平面图

"天街小雨润如酥，草色遥看近却无。"初来乍到的春，用温润柔滑的雨珠唤醒了一冬的沉寂，春草芽儿细细地冒出，朦朦胧胧中，那抹极淡极淡的新绿若隐若现；"随风潜入夜，润物细无声。"作品通过小品、景石、造型松结合各色植物搭配相互交映，每一步都能感受到围绕在身边的自然气息。

设计阶段图纸

花境植物材料

序号	植物科属	中文名	拉丁名	花（叶）色	开花期及持续时间（叶色变化期及观赏时间）	株型	长成高度	种植高度（cm）	种植密度	株数	单位
1	木犀科女贞属	银姬小蜡球	Ligustrum sinense 'Variegatum'	花叶	常绿灌木	P40-60	120	80		5	株
2	冬青科冬青属	无刺枸骨球	Ilex cornuta var. fortunei	绿色	常绿灌木	P40-60	120	80		5	株
3	金缕梅科檵木属	红花檵木球	Loropetalum chinense var. rubrum	暗红色	常绿灌木	P40-60	120	80		6	株
4	木犀科女贞属	金森女贞球	Ligustrum japonicum 'Howardii'	绿色	常绿灌木	P40-60	120	80		2	株
5	木犀科女贞属	亮叶女贞球	Ligustrum quihoui	绿色	冬季落叶灌木	P40-60	120	80		2	株
6	木犀科女贞属	金禾女贞球	Ligustrum quihoui	黄色	半落叶灌木	P40-60	120	80		5	株
7	木犀科女贞属	金叶女贞球	Ligustrum × vicaryi	绿色	半落叶灌木	P40-60	120	80		2	株
8	木犀科女贞属	花叶女贞球	Ligustrum sinense 'Variegatum'	花叶	常绿灌木	P40-60	120	80		3	株
9	马钱科醉鱼草属	醉鱼草	Buddleja lindleyana	绿色	花灌木，花期4~10月	P60-80				2	株
10	马鞭草科牡荆属	穗花牡荆	Vitex agnus-castus	绿色	花灌木	P60-80				3	株
11	忍冬科六道木属	大花六道木	Abelia × grandiflora	绿色	花灌木	P60-80				7	株
12	槭树科槭属	造型羽毛枫	Acer palmatum 'Dissectum'	深绿色/鲜红色	落叶灌木，秋季叶变红	P80-100	250	200		3	株
13	杨柳科柳属	彩叶杞柳	Salix integra 'Hakuro Nishiki'	花叶	常绿草本	H100-150	150	100		2	株
14	禾本科芒属	芒草	Miscanthus sinensis	绿色	多年生草本	H200-300	300	200		18	株
15	小檗科南天竹属	火焰南天竹	Nandina domestica	红色	常绿灌木，冬季叶变红	H60-80	80	60		4	株
16	槭树科槭属	鸡爪槭	Acer palmatum	深绿色/鲜红色	落叶小乔木，秋季叶变红	P100-120	300	200		2	株
17	松科松属	黑松	Pinus thunbergii	绿色	常绿乔木	H200-300	300	200		6	株
18	金缕梅科檵木属	红花檵木桩	Loropetalum chinense var. rubrum	暗红色	常绿灌木	P80-100	200	200		2	株
19	蔷薇科李属	美人梅	Prunus × blireana 'Meiren'	暗红色	落叶小乔木	H200-300	300	200		7	株
20	黄杨科黄杨属	金边黄杨	Buxus megistophylla	花叶	常绿灌木	H40-60	60	60	8株/m²	17	m²
21	杜鹃花科杜鹃属	毛鹃	Rhododendron pulchrum	绿色	常绿灌木	H40-60	60	60	8株/m²	16	m²
22	百合科山麦冬属	金边阔叶麦冬	Liriope muscari 'Variegata'	绿色	常绿草本				10株/m²	15	m²
23	百合科山麦冬属	兰花三七	Liriope cymbidiomorpha	绿色	常绿草本				10株/m²	14	m²
24	百合科虎尾兰属	金边虎皮兰	Sansevieria trifasciata 'Lanrentii'	花叶	多年生草本				25株/m²	1	m²
25	鸢尾科庭菖蒲属	庭菖蒲	Sisyrinchium rosulatum	绿色	宿根花卉，花期5月				36株/m²	14.5	m²
26	虎耳草科矾根属	矾根	Heuchera micrantha	红色	多年生草本，花期4~10月				36株/m²	3	m²
27	景天科景天属	佛甲草	Sedum lineare	绿色	多年生草本，花期4~5月				36株/m²	4	m²
28	鸢尾科鸢尾属	马蔺	Iris lactea var. chinensis	绿色	宿根花卉，花期5月~6月				36株/m²	4.9	m²
29	夹竹桃科络石属	花叶络石	Trachelospermum jasminoides 'Flame'	花叶	常绿藤蔓				36株/m²	12.8	m²
30	天南星科菖蒲属	金叶石菖蒲	Acorus gramineus 'Ogan'	黄色	宿根花卉，花期4~5月				36株/m²	4.1	m²
31	爵床科芦莉草属	翠芦莉	Ruellia brittoniana	绿色	宿根花卉，花期3~10月				36株/m²	3.9	m²

序号	植物科属	中文名	拉丁名	花（叶）色	开花期及持续时间（叶色变化期及观赏时间）	株型	长成高度	种植高度（cm）	种植密度	株数	单位
32	爵床科芦莉草属	矮生翠芦莉	*Ruellia brittoniana*	绿色	宿根花卉，花期3~10月				36株/m²	1	m²
33	景天科八宝属	八宝景天	*Hylotelephium erythrostictum*	绿色	多年生草本				36株/m²	2.5	m²
34	菊科滨菊属	大滨菊	*Leucanthemum maximum*	绿色	多年生草本，花期5~6月				36株/m²	4	m²
35	鸭跖草科吊竹梅属	吊竹梅	*Tradescantia zebrina*	花叶	多年生草本，花期6~8月				25株/m²	4	m²
36	玄参科钓钟柳属	毛地黄钓钟柳	*Penstemon laevigatus* ssp. *digitalis*	绿色	多年生草本，花期5~10月				36株/m²	8.2	m²
37	唇形科迷迭香属	迷迭香	*Rosmarinus officinalis*	绿色	常绿灌木				36株/m²	5.5	m²
38	菊科松果菊属	松果菊	*Echinacea purpurea*	绿色	多年生草本，花期6~8月				36株/m²	3.5	m²
39	禾本科蜈蚣草属	蜈蚣草	*Eremochloa ciliaris*	绿色	多年生草本				36株/m²	1.5	m²
40	石蒜科紫娇花属	紫娇花	*Tulbaghia violacea*	绿色	多年生草本，花期5~7月				49株/m²	11.3	m²
41	酢浆草科酢浆草属	紫叶酢浆草	*Oxalis triangularis*	紫叶	二年生草本，花期4~11月				36株/m²	3	m²
42	菊科金鸡菊属	大花金鸡菊	*Coreopsis grandiflora*	绿色	多年生草本，花期5~9月				36株/m²	4	m²

植物更换计划表

序号	植物科属	中文名	拉丁名	花（叶）色	开花期及持续时间	株型	长成高度	种植高度	种植密度	株数	单位
			春季								
1	马鞭草科马缨丹属	五色梅	*Lantana camara*	绿色	多年生草本，花期5~10月				36株/m²	18	m²
2	唇形科鼠尾草属	一串红	*Salvia splendens*	绿色	多年生草本，花期3~10月				36株/m²	16	m²
3	石竹科石竹属	石竹	*Dianthus chinensis*	绿色	多年生草本，花期5~6月				36株/m²	13	m²
4	菊科万寿菊属	孔雀草	*Tagetes patula*	绿色	一年生草本，花期7~9月				36株/m²	15	m²
5	堇菜科堇菜属	三色堇	*Viola tricolor*	绿色	一年生草本，花期12月至翌年3月				36株/m²	18	m²
6	堇菜科堇菜属	角堇	*Viola cornuta*	绿色	一年生草本，花期12月至翌年3月				49株/m²	16	m²
			夏季								
1	菊科万寿菊属	孔雀草	*Tagetes patula*	绿色	一年生草本，花期7~9月				36株/m²	9	m²
2	苋科青葙属	鸡冠花	*Celosia cristata*	绿色	一年生草本，花期7~9月				36株/m²	11	m²
3	菊科百日菊属	百日菊	*Zinnia elegans*	绿色	一年生草本，花期6~9月				36株/m²	12	m²
4	马鞭草科马缨丹属	五色梅	*Lantana camara*	绿色	多年生草本，花期5~10月				36株/m²	13	m²
5	唇形科鼠尾草属	一串红	*Salvia splendens*	绿色	多年生草本，花期3~10月				36株/m²	6	m²
6	石竹科石竹属	石竹	*Dianthus chinensis*	绿色	多年生草本，花期5~6月				36株/m²	18	m²
7	玄参科香彩雀属	香彩雀	*Angelonia salicariifolia*	绿色	一年生草本，花期7~9月				36株/m²	16	m²
8	菊科万寿菊属	万寿菊	*Tagetes erecta*	绿色	一年生草本，花期7~9月				36株/m²	11	m²
			秋季								
1	菊科万寿菊属	孔雀草	*Tagetes patula*	绿色	一年生草本，花期7~9月				36株/m²	9	m²
2	苋科青葙属	鸡冠花	*Celosia cristata*	绿色	一年生草本，花期7~9月				36株/m²	11	m²
3	菊科百日菊属	百日菊	*Zinnia elegans*	绿色	一年生草本，花期6~9月				36株/m²	12	m²
4	马鞭草科马缨丹属	五色梅	*Lantana camara*	绿色	多年生草本，花期5~10月				36株/m²	8	m²
5	唇形科鼠尾草属	一串红	*Salvia splendens*	绿色	多年生草本，花期3~10月				36株/m²	6	m²
6	石竹科石竹属	石竹	*Dianthus chinensis*	绿色	多年生草本，花期5~6月				36株/m²	18	m²
7	玄参科香彩雀属	香彩雀	*Angelonia salicariifolia*	绿色	一年生草本，花期7~9月				36株/m²	16	m²
8	菊科万寿菊属	万寿菊	*Tagetes erecta*	绿色	一年生草本，花期7~9月				36株/m²	11	m²
			冬季								
1	堇菜科堇菜属	三色堇	*Viola tricolor*	绿色	一年生草本，花期12月至翌年3月				36株/m²	18	m²
2	堇菜科堇菜属	角堇	*Viola cornuta*	绿色	一年生草本，花期12月至翌年3月				49株/m²	22	m²
3	茄科碧冬茄属	矮牵牛	*Petunia hybrida*	绿色	一年生草本，花期周年				36株/m²	13	m²
4	石竹科石竹属	石竹	*Dianthus chinensis*	绿色	多年生草本，花期5~6月				36株/m²	18	m²
5	十字花科芸薹属	羽衣甘蓝	*Brassica oleracea* var. *acephala* f. *tricolor*	花叶	二年生草本				36株/m²	20	m²

百花争艳，蝶舞群芳

社旗县观赏草花木发展有限公司

春季实景

夏季实景

专家点评：以宿根花卉为主要植物材料构建的作品景观，四季有景，景观连续。曲径与小亭增添了花境的生活气息。植物生长健壮，充满生机。

秋季实景

"百花争艳，蝶舞群芒"花境效果图（局部晚春）

百花争艳，蝶舞群芳

花境主题景观分为四个部分：花境主入口顺时针方向依次为"迎春—知芳"花境，3~5 月以天人菊、球根鸢尾、美女樱、堆心菊和石竹等红、橙、黄色系花卉为基调，骨架植物以北美冬青、红枫、紫株和金叶榆为主，营造绚丽热闹的"知芳"主题花境，其间跳以紫娇花、百子莲等蓝紫色系植物，又不乏线条和色彩上的活泼。顺时针紧邻地块就是"翠夏—叹芳"花境，6~8 月由松果菊（白花）、银叶菊、柳叶马鞭草、深蓝鼠尾草、美人蕉等蓝、紫、白色系花卉为基底，骨架植物以醉鱼草、银姬小蜡、大花六道木为主，丰富的蜜源植物、香花植物为特色，大花大叶型植物作为焦点，昆虫、游人和花卉，人与自然，和谐共奏一曲"叹芳"高歌；"韵秋—醉芳"花境，9~11 月以金光菊、黄金菊、粉花美女樱和墨西哥鼠尾草等粉、黄和紫色系花卉为基调，矮蒲苇、晨光芒、欧洲荚蒾、石榴和紫珠为骨架植物，花与花，叶与叶，色彩与韵律，对比和统一，共谱一曲"醉芳"雅调；在"醉芳"中尚未苏醒，冬季已悄悄来临；"淡冬—惜芳"花境，11 月至翌年 2 月，羽衣甘蓝、角堇、紫罗兰、石竹、矾根配以常绿薹草和鸢尾等黄、红、紫色系为主的暖色配置，给人以视觉上的温暖，细叶芒、常绿高蒲苇、蜡梅、梅花、红瑞木和乔木紫薇等骨架植物的应用，让人们在惋惜芳华逝去的同时，还能在劲草亭里静静感受冬季花香尚留的花之魂，期待春的到来。

"百花争艳，蝶舞群芳"花境以醉蝶花和马鞭草散植贯穿其中，四季有景，景观连续。加上汀步引导和碎石覆盖，游人可近观，可远赏，虽由人作，宛自天开。

设计阶段图纸

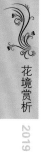

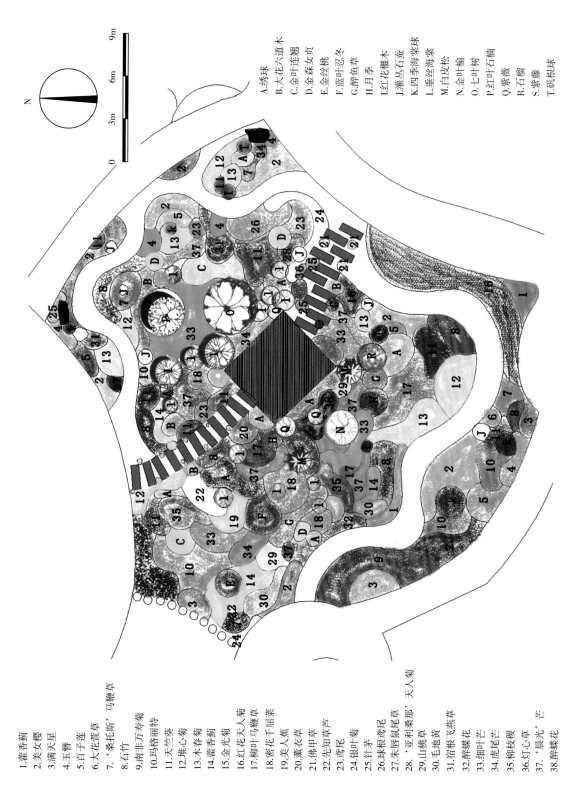

1.藿香蓟
2.美女樱
3.满天星
4.王簪
5.百子莲
6.大花萱草
7.'桑托斯'马鞭草
8.石竹
9.南非万寿菊
10.玛格丽特
11.天竺葵
12.堆心菊
13.木春菊
14.藿香蓟
15.金光菊
16.红花天人菊
17.柳叶马鞭草
18.密花千屈菜
19.美人蕉
20.薰衣草
21.佛甲草
22.先知草芦
23.鸢尾
24.银叶菊
25.针茅
26.球根鸢尾
27.朱唇鼠尾草
28.'亚利桑那'天人菊
29.山桃草
30.毛地黄
31.宿根飞燕草
32.醉蝶花
33.细叶芒
34.虎尾芒
35.柳枝稷
36.灯心草
37.'晨光'芒
38.醉蝶花

A.绣球
B.大花六道木
C.金叶连翘
D.金森女贞
E.金丝桃
F.蓝叶忍冬
G.醉鱼草
H.月季
I.红花檵木
J.灌丛石蚕
K.四季海棠球
L.垂丝海棠
M.白皮松
N.金叶榆
O.七叶树
P.红叶石楠
Q.紫薇
R.石榴
S.紫藤
T.矾根球

"百花争艳，蝶舞群芒"花境方案平面图

花境植物材料

序号	品种	植物学名	替换品种	颜色	规格	密度（株/m²）	面积（m²）	数量（株）	备注
1	藿香蓟	*Ageratum conyzoides*		蓝色	120#	64	5	320	
2	佛甲草	*Sedum lineare*		黄色	120#	64	3	192	
3	藿香蓟	*Ageratum conyzoides*		蓝色	120#	64	10	640	
4	'超级巨星'海棠	*Begonia semperflorens*		绿叶红	150#	64	16	1024	
5	鸢尾	*Iris tectorum*			120#	64	6	384	
6	薰衣草	*Lavandula angustifolia*	鼠尾草		120#	64	5	320	
7	堆心菊	*Helenium bigelovii*		黄色	120#	64	12	768	
8	美女樱	*Verbena hybrida*		混色	120#	64	26	1664	
9	'桑托斯'马鞭草	*Verbena officinalis*		紫色	120#	64	10	640	
10	满天星	*Gypsophila paniculata*		粉色	150#	49	12	588	
11	石竹	*Dianthus chinensis*	杂交秋海棠	红色	120#	64	16	1024	
12	天竺葵	*Pelargonium hortorum*		红色	120#	64	18	1152	
13	大花萱草	*Hemerocallis middendorfii*		黄色	150#	49	5	245	
14	玉簪	*Hosta plantaginea*		观叶	260#	16	4	64	
15	银叶菊	*Senecio cineraria*		观叶	120#	64	20	1280	
16	针茅	*Stipa capillata*		观叶	120#	64	3	192	
17	新品种鸢尾	*Iris tectorum*	香彩雀		120#	64	9	576	
18	一串红	*Salvia splendens*		红色	120#	64	2	128	
19	百子莲	*Agapanthus africanus*		蓝色	2加仑	16	3	48	
20	玛格丽特	*Argyranthemum frutescens*	紫松果菊		150#	49	12	588	
21	南非万寿菊	*Osteospermum ecklonis*		紫	150#	49	6	294	
22	木春菊	*Argyranthemum frutescens*		黄色	150#	49	8	392	
23	金光菊	*Rudbeckia laciniata*		黄色	260#	25	6	150	
24	五色梅	*Lantana camara*		黄色	150#	49	9	441	
25	密花千屈菜	*Lythrum salicaria*		粉色	580#	4	6	24	
26	山桃草	*Gaura lindheimeri*		白色	150#	49	3	147	
27	毛地黄	*Digitalis purpurea*	柳叶马鞭草		150#	49	6	294	
28	美人蕉	*Canna indica*		混色	260#	25	5	125	
29	宿根飞燕草	*Consolida ajacis*		蓝色	150#	49	6	294	
30	柳叶马鞭草	*Verbena bonariensis*		紫色	150#	49	10	490	
31	醉蝶花	*Cleome spinosa*	超级鼠尾草		150#	49	2	98	
32	绣球	*Hydrangea macrophylla*		绿色	3加仑	9	20	180	
33	细叶芒	*Miscanthus sinensis*		观叶	580#	4	22	88	
34	虎尾芒	*Chloris virgata*		观叶	580#	4	8	32	
35	柳枝稷	*Panicum virgatum*		观叶	580#	4	16	64	
36	灯心草	*Juncus effusus*			泡沫箱	4	1	4	
37	'晨光'芒	*Miscanthus sinensis* 'Morning Light'		观叶	580#	4	5	20	
38	蔺草（先知草芦）	*Phalaris arundinacea*		观叶	580#	4	2	8	
39	象草	*Pennisetum purpureum*		观叶	580#	4	3	12	
40	大花六道木	*Abelia × grandiflora*						9	
41	金叶连翘	*Forsythia suspensa* var. *variegata*						8	
42	金森女贞球	*Ligustrum japonicum* 'Howardii'						5	
43	金丝桃	*Hypericum monogynum*						5	
44	落叶忍冬	*Lonicera retusa*						5	
45	醉鱼草	*Buddleja lindleyana*						8	
46	月季	*Rosa chinensis*						2	
47	红花檵木球	*Loropetalum chinense* var. *rubrum*						5	
48	灌丛石蚕	*Teucrium fruticans*						6	
49	四季海棠球	*Begonia semperflorens*						6	
50	垂丝海棠	*Malus halliana*						9	
51	白皮松	*Pinus bungeana*						2	
52	金叶榆	*Ulmus pumila* 'Jinye'						1	
53	七叶树	*Aesculus chinensis*						1	
54	红叶石楠	*Photinia × fraseri*						1	
55	紫薇	*Lagerstroemia indica*						1	
56	石榴	*Punica granatum*						1	
57	紫藤	*Wisteria sinensis*						2	

蝶恋花

郑州贝利得花卉有限公司

春季实景

蝶恋花

观赏草和景石的存在使得该处花境野趣横生，丰富的背景营造出饱满的视觉效果。设计以尊重自然、再现自然为准则，将花卉与各类观赏草及灌木搭配，力求营造出一种"疾风知劲草"之感。

饱满的意境，错落的植物，营造出浓浓的古朴风格，地块以"蝴蝶"为灵感来源，游走在花境各个观赏面，如同一只翩跹盘旋的蝴蝶，采撷自然中那一朵朵皎洁肃然的花朵，追寻内心深处的那一抹唐风古韵。

夏季实景

秋季实景

设计阶段图纸

专家点评： 以宿根花卉和花灌木为主要植物材料构建的长效混合花境，景观丰富且具有较为稳定的连续性。

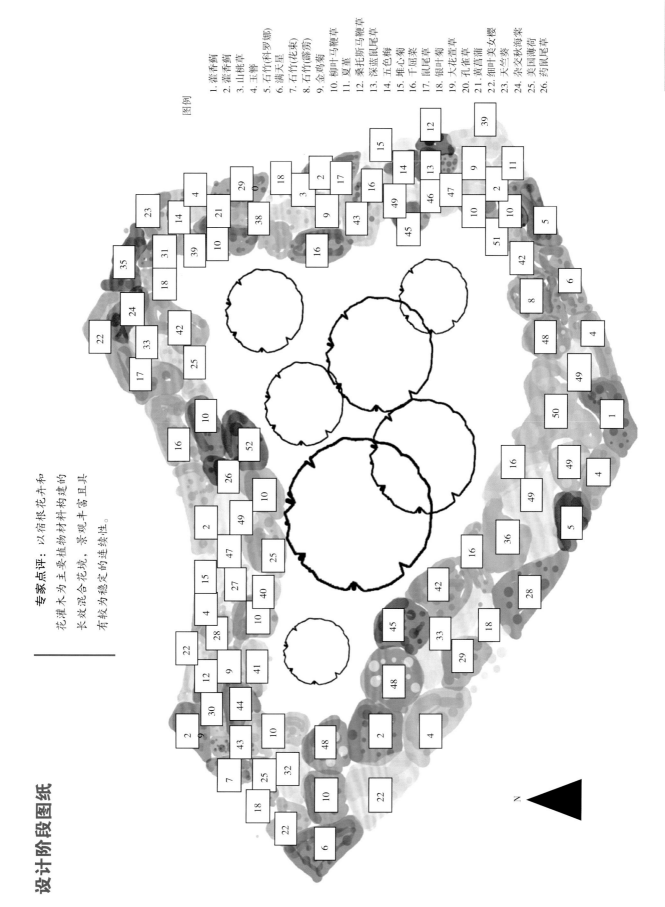

图例

1. 霍香蓟
2. 霍香蓟
3. 山桃草
4. 玉簪
5. 石竹（科罗娜）
6. 满天星
7. 石竹（花束）
8. 石竹（薜劳）
9. 金鸡菊
10. 柳叶马鞭草
11. 夏堇
12. 桑托斯鼠尾草
13. 深蓝鼠尾草
14. 五色梅
15. 堆心菊
16. 千屈菜
17. 鼠尾草
18. 银叶菊
19. 大花萱草
20. 孔雀草
21. 黄菖蒲
22. 细叶美女樱
23. 天竺葵
24. 杂交秋海棠
25. 美国薄荷
26. 药用鼠尾草

花境植物材料

序号	中文名	拉丁名	科属	冠幅（cm）	高度（cm）	面积（m²）	密度（棵/m²）	数量（棵）	开花叶片颜色	花期	备注（品种等）
1	藿香蓟	Ageratum conyzoides	菊科藿香蓟属	30~40	40~50	3	25	75	蓝色	5~9月	夏威夷
2	藿香蓟	Ageratum conyzoides	菊科藿香蓟属	20~30	15~25	2	25	50	蓝色	5~10月	蓝色视野
3	山桃草	Gaura lindheimeri	柳叶菜科山桃草属	30~40	40~60	1	12	12	白色	6~9月	观叶
4	玉簪	Hosta plantaginea	百合科玉簪属	30~40	20~30	1	10	10	白色	7~8月	观叶
5	石竹	Dianthus chinensis	石竹科石竹属	20~30	20~30	0.8	25	20	红色	6~8月	科罗娜系列
6	满天星	Gypsophila paniculata	石竹科石头花属	20~30	15~20	2	16	32	红色	7~8月	
7	石竹	Dianthus chinensis	石竹科石竹属	20~30	30~40	1	25	25	红色	6~8月	花束系列
8	石竹	Dianthus chinensis	石竹科石竹属	20~30	40~50	0.6	25	15	红色	6~7月	霹雳系列
9	金鸡菊	Coreopsis drummondii	菊科金鸡菊属	25~35	40~60	1	16	16	黄色	6~7月	
10	柳叶马鞭草	Verbena bonariensis	马鞭草科马鞭草属	20~30	60~80	2.5	16	40	紫色	6~10月	布宜诺斯艾利斯系列
11	夏堇	Torenia fournieri	玄参科蝴蝶草属	15~20	15~25	0.5	49	24.5	粉色	7~9月	秋季替换
12	'桑托斯'马鞭草	Verbena bonariensis	马鞭草科马鞭草属	20~30	30~40	2	25	50	紫色	6~9月	桑托斯系列
13	深蓝鼠尾草	Salvia officinalis	唇形科鼠尾草属	40~60	80~100	1	3	3	蓝色	6~10月	
14	五色梅	Lantana camara	马鞭草科马缨丹属	30~40	40~60	1	4	4	橘红	6~10月	
15	堆心菊	Helenium bigelovii	菊科堆心菊属	20~25	20~25	2.4	25	60	黄色	5~10月	
16	千屈菜	Lythrum salicaria	千屈菜科千屈菜属	30~50	40~60	3	9	27	粉色	7~8月	密花千屈菜
17	鼠尾草	Salvia japonica	唇形科鼠尾草属	20~30	30~40	3	16	48	蓝色	6~10月	维多利亚系列
18	银叶菊	Senetio cineraia	菊科千里光属	20~30	20~30	2	16	32	白色	8~9月	
19	大花萱草	Hemerocallis middendorffi	百合科萱草属	15~25	35~50	0.5	16	8	橘红色	7~8月	秋季替换
20	孔雀草	Tagetes patula	菊科万寿菊属	15~20	20~30	0.5	36	18	橘红色	6~10月	
21	黄菖蒲	Iris pseudacorus	鸢尾科鸢尾属	15~20	40~60	1	9	9	黄色	4~5月	
22	细叶美女樱	Verbena tenera	马鞭草科马鞭草属	15~25	20~30	4	25	100	紫色	5~10月	
23	天竺葵	Pelargonium hortorum	牻牛儿苗科天竺葵属	20~30	30~40	2	16	32	红色	5~7月	夏季替换
24	杂交秋海棠	Begonia cv.	秋海棠科秋海棠属	20~30	40~60	1.6	25	40	红色	5~10月	
25	美国薄荷	Monarda didyma	唇形科美国薄荷属	40~60	50~70	2	6	12	蓝色	6~8月	
26	药用鼠尾草	Salvia officinalis	唇形科鼠尾草属	20~30	30~40	0.5	16	8	蓝色	7~9月	

序号	中文名	拉丁名	科属	冠幅(cm)	高度(cm)	面积(m²)	密度(棵/m²)	数量(棵)	开花叶片颜色	花期	备注(品种等)
27	大花鸢尾	Iris grandiflora	鸢尾科鸢尾属	10~15	30~40	1	36	36	白色黄色	4~5月	夏季替换
28	百子莲	Agapanthus africanus	石蒜科百子莲属	30~40	30~40	2	9	18	蓝色	6~7月	
29	繁星花	Pentas lanceolata	茜草科五星花属	20~30	30~40	2	25	50	红色	6~9月	夏季替换
30	毛地黄	Digitalis purpurea	玄参科毛地黄属	20~30	40~60	2	9	18	红色	4~5月	夏季替换
31	飞燕草	Consolida ajacis	毛茛科飞燕草属	20~30	40~60	1	9	9	蓝色	4~5月	夏季替换
32	金光菊	Rudbeckia laciniata	菊科金光菊属	30~40	60~80	1	16	16	黄色	7~10月	
33	黄金菊	Euryops pectinatus	菊科梳黄菊属	20~30	40~60	2.5	16	40	黄色	5~8月	
34	薰衣草	Lavandula angustifolia	唇形科薰衣草属	20~30	30~40	0.5	16	8	蓝色	5~6月	
35	一串红	Salvia splendens	唇形科鼠尾草属	20~25	30~35	1.4	25	35	红色	5~7月	夏季替换
36	紫穗狼尾草	Pennisetum alopecuroides 'Purple'	禾本科狼尾草属	40~59	40~60			15			
37	蓝刚草	Sorghastrum nutans	禾本科拟高粱属	30~40	30~50			3			
38	'晨光'芒	Miscanthus sinensis 'Morning Light'	禾本科芒属	40~60	80~120			10			观叶
39	虉知草芦	Phalaris arundinacea	禾本科虉草属	40~50	60~80			20			观叶
40	斑叶芒	Miscanthus sinensis 'Zebrinus'	禾本科芒属	40~60	60~90			15			观叶
41	花叶芒	Miscanthus sinensis 'Variegatus'	禾本科芒属	40~60	80~100			3			观叶
42	细叶芒	Miscanthus sinensis cv.	禾本科芒属	40~60	100~120			20			
43	锦带花	Weigela florida	忍冬科锦带花属	30~50	80~100			6			
44	六道木	Abelia biflora	忍冬科六道木属	50~60	40~80			8			
45	醉鱼草	Buddleja lindleyana	马钱科醉鱼草属	80~100	100~150			3			
46	彩叶杞柳	Salix integra 'Hakuro Nishiki'	杨柳科柳属	80~100	100~150			1			观叶
47	绣球	Hydrangea macrophylla	虎耳草科绣球属	30~50	60~80			20			
48	银姬小蜡	Ligustrum sinense 'Variegatum'	木犀科女贞属	80~100	80~120			4			观叶
49	金叶连翘	Forsythia suspensa var. variegata	木犀科连翘属	60~80	60~100			6			观叶
50	金叶复叶槭	Acer negundo 'Aurea'	槭树科槭属	80~120	150~200			6			观叶
51	紫荆	Cercis chinensis	豆科紫荆属	100~150	150~200			2			
52	美人蕉	Canna indica	美人蕉科美人蕉属	30~40	40~60	1	6	6			

花溪生境，六合同春

合肥佳洲园林建设集团有限公司

春季实景

花溪生境，六合同春

　　项目位于合肥徽州大道与锦绣大道交口西南角，滨湖新区之门。花境面积约550 m²。设计主题为"花溪生境，六合同春。"以湖石为山，繁花为水，红枫、造型罗汉松为骨架，配以精致的植物组团。添加鹤、鹿等景观小品。运用了"缩景"的表现手法，营造出山水格局，打造盆景式花溪生境的空间格局。展现"大湖名城，迎客天下"生态环境建设的磅礴气势。为迎接"两会"，此次花境建设在选苗上多采用大容器精品苗，如盆栽造型罗汉松，羽毛枫、彩叶杞柳球、水果蓝球、

银姬小蜡球等。色彩、花型上选用了大朵、花色艳丽的品种如大花丽格海棠、小丽花繁华系列、百日草典雅系列、一串红圣火系列、飞燕草北极光系列等。中层植物以宿根花卉和观赏草为主，如石蒜科百子莲，马鞭草科柳叶马鞭草，美人蕉科美人蕉，禾本科矮蒲苇、观赏谷子等各类观赏草。结合现场地形条件，错落有致地将几十种花境植物配植起来，勾勒出一幅富有中式韵味的花溪画面。同时六块精品太湖石前后连绵起伏点置，松柏、灌木生于其中，远远望去如山岛竦峙，展现"大湖名城"的大气风貌。百花争艳，百草丰茂，体现出"迎客天下"的喜庆氛围。

专家点评：植物与湖石配合协调，小桥、动物造型为花境增添了乐趣。养护措施及时有效，景观充满生机。

秋季实景

设计阶段图纸

植物多样性及品种配置合理性

锦绣大道与徽州大道西南角

种植特征： 以山石相配、结合动物小品，既有植物自然美，又有山水韵味。

种植说明：设计以带状自然式栽种，表现自然风景中花卉的生长规律，体现植物个体生长的自然美，展现植物自然组合的群体美。

主要种植物有：变叶木、一叶兰、金边麦冬、飞燕草、常绿鸢尾、紫雀花、百子莲、东阳鹃、金叶大花六道木、细叶芒、花叶玉簪、美女樱、大花萱草、美人蕉、紫叶千鸟花等。

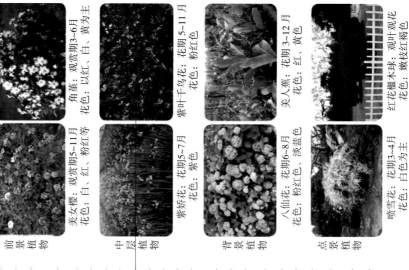

前景植物
角堇：观赏期3~6月 花色：以红、白、黄为主
美女樱：观赏期5~11月 花色：白、红、粉红色等

中层植物
紫叶千鸟花：花期5~11月 花色：粉红色
美人蕉：花期3~12月 花色：红、黄
紫娇花：花期5~7月 花色：紫色

背景植物
八仙花：花期6~8月 花色：粉红色、淡蓝色

点景植物
红花檵木球：观叶观花 花色：嫩枝红褐色
喷雪花：花期3~4月 花色：白色为主

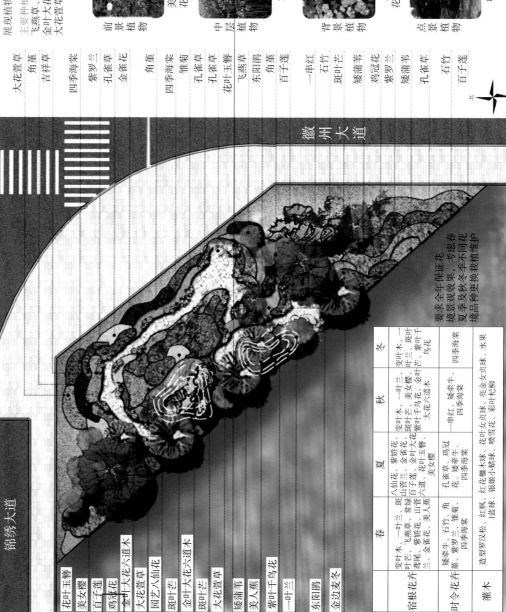

锦绣大道

徽州大道

北

植物标注：
大花萱草 / 角堇 / 吉祥草 / 四季海棠 / 紫罗兰 / 孔雀花 / 金雀花 / 角堇 / 四季海棠 / 雏菊 / 孔雀草 / 孔雀草 / 花叶玉簪 / 飞燕草 / 东阳鹃 / 角堇 / 百子莲 / 一串红 / 石竹 / 斑叶芒 / 矮蒲苇 / 鸡冠花 / 紫罗兰 / 矮蒲苇 / 孔雀草 / 石竹 / 百子莲

花叶玉簪 / 美女樱 / 百子莲 / 鸡冠花 / 金叶大花六道木 / 大花萱草 / 园艺八仙花 / 斑叶芒 / 金叶大花六道木 / 斑叶芒 / 大花萱草 / 矮蒲苇 / 美人蕉 / 紫叶千鸟花 / 一叶兰 / 东阳鹃 / 金边麦冬

	春	夏	秋	冬
宿根花卉	变叶木、一叶兰、斑叶芒、常绿鸢尾、山营兰、金叶大花六道木、美女樱	紫娇花、八仙花、斑叶兰、金雀花、百子莲、花叶玉簪、美女樱	变叶木、一叶兰、美女樱、斑叶芒、金边麦冬、紫叶千鸟花、大花六道木	变叶木、一叶兰、斑叶芒、金边麦冬、紫叶千鸟花
时令花卉	孔雀草、石竹、紫罗兰、雏菊、四季海棠	孔雀草、鸡冠花、矮牵牛、四季海棠	一串红、矮牵牛、花叶女贞球、亮叶女贞球、四季海棠	四季海棠
灌木	造型罗汉松、红枫、琼球、红花檵木球、银姬小蜡、喷雪花	花叶女贞球、亮叶女贞球、彩叶杞柳	花叶女贞球、亮叶女贞球、彩叶杞柳	水果

要求全年保证花，境观赏效果、考虑春夏季及秋冬季不同花境苗种更换栽植维护

花境植物材料

序号	细目	项目		分项内容	单位	数量	备注
1	锦绣大道与徽州大道交口东南角	1	绿化	灌木	造型罗汉松	株	2	规格：H 2.5~3m
					红枫	株	6	规格：D 10cm
					红花檵木球	株	2	规格：P150
					花叶女贞球	株	5	规格：P120
					亮金女贞球	株	2	规格：P100
					水果蓝球	株	2	规格：P100
					银姬小蜡球	株	3	规格：P120
					喷雪花	株	3	规格：P100
					彩叶杞柳	株	8	规格：P120
				宿根花卉	变叶木	m²	0.6	16株/m²
					一叶兰	m²	3.5	16株/m²
					斑叶芒	m²	3.2	25株/m²
					吉祥草	m²	4.8	64株/m²
					金边麦冬	m²	1.6	64株/m²
					飞燕草	m²	5.6	36株/m²
					园艺八仙花	m²	4.4	25株/m²
					常绿鸢尾	m²	1.5	64株/m²
					紫娇花	m²	6.5	64株/m²
					山菅	m²	2.2	25株/m²
					金雀花	m²	3.8	36株/m²
					百子莲	m²	28.6	36株/m²
					东阳杜鹃	m²	1.1	36株/m²
					金叶大花六道木	m²	13.8	36株/m²
					矮蒲苇	m²	6.3	16株/m²
					细叶芒	m²	1.914	16株/m²
					花叶玉簪	m²	6.7	49株/m²
					美女樱	m²	12.2	49株/m²
					大花萱草	m²	1	49株/m²
					美人蕉	m²	7.3	16株/m²
					紫叶千鸟花	m²	3.4	49株/m²
				时令花卉	四季海棠、孔雀草、矮牵牛、石竹、一串红、鸡冠花、角堇、紫罗兰、雏菊等	m²	195	四季更换的总量（一年更换5次）
				草坪	果岭草	m²	146	满铺草坪卷、观赏草坪(百慕大+黑麦草，百慕大打底，黑麦草每年9月份播草籽，30 g/m²)
		2	园建		置石	个	2	太湖石，高度2.5m以上、高度3m以上各一个
					鹤	组	1	创意园艺小品、成品定制
					鹿	组	1	创意园艺小品、成品定制
					桥	组	1	创意园艺小品、成品定制
					摩奇覆盖物	m²	148	
					树枝粉碎物	m²	76	
		3	合计		人/			

山水云景

合肥佳洲园林建设集团有限公司

山水云景

项目位于锦绣大道与广西路交口东南角，滨湖国际会展中心入口，花境面积约550m²，绿雕面积约300m²。

设计主题为"山水云景"。将现状标志以垂直绿化装饰立面凸显"国际会展中心"标识，设计山水云景画卷。绿雕为背景，增加山形构筑物，祥云彩虹为骨架，飘带连接形成云景环绕的景象，打造大型山水云景花境景观。

立体花柱色彩艳丽、冠型丰满，置于标示牌两边，其间点缀蝴蝶，花朵绿雕栩栩如生，宛如蝴蝶在花间飞舞。下层地被、花卉多以不规则形状栽植，欲形成溪流之势。以彩虹、祥云、青山绿雕为骨架，蝴蝶绿雕、花朵绿雕增加其灵动韵味。呈现出一幅青山绿水、"山水云景"的美好画卷。

专家点评：花境与植物雕塑相结合，较好地烘托了主题。作品色彩对比强烈，具有较好的观赏性。

春季实景

夏季实景

秋季实景

设计阶段图纸

植物多样性及品种配置合理性

锦绣大道与广西路交口东南角

种植特征：五彩缤纷、自然和谐、如织不完的锦缎般绵延。

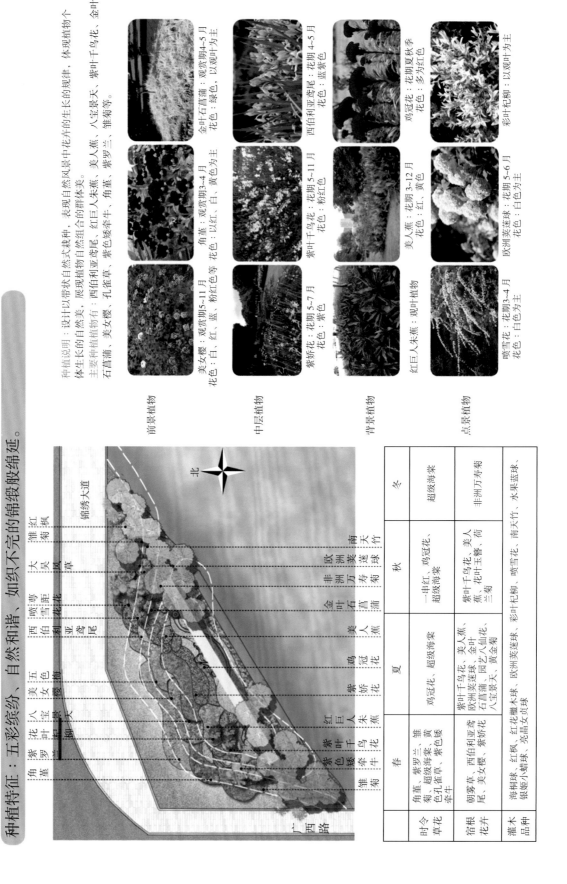

种植说明：设计以带状以自然式栽种，展现植物自然景中花卉的生长规律，体现植物个体生长的自然美，表现自然风景中花卉的群体美。
主要种植物有：西伯利亚鸢尾、红巨人朱蕉、美人蕉、八宝景天、紫罗兰、金叶石菖蒲、美女樱、紫色矮牵牛、孔雀草、角堇、雏菊等。

前景植物
- 美女樱：观赏期5~11月 花色：白、红、蓝、粉红色等
- 金叶石菖蒲：观赏期4~5月 花色：绿色，以观叶为主
- 角堇：观赏期3~4月 花色：以红、白、黄色为主
- 西伯利亚鸢尾：花期4~5月 花色：蓝紫色

中层植物
- 紫娇花：花期5~7月 花色：紫色
- 紫叶千鸟花：花期5~11月 花色：粉红色
- 美人蕉：花期3~12月 花色：红、黄
- 鸡冠花：花期夏秋季 花色：多为红色

背景植物
- 红巨人朱蕉：花期3~4月 花色：观叶植物
- 彩叶杞柳：以观叶为主

点景植物
- 喷雪花：花期3~4月 花色：白色为主
- 欧洲荚蒾球：花期5~6月 花色：白色为主

	春	夏	秋	冬
时令草花	角堇、雏菊、紫罗兰、超级海棠、五色草孔雀草、紫色矮牵牛	鸡冠花、超级海棠	一串红、鸡冠花、超级海棠	超级海棠
宿根花卉	朝雾草、西伯利亚鸢尾、美女樱、紫娇花	紫叶千鸟花、欧洲荚蒾球、石菖蒲、八宝景天、园艺八仙花、黄金菊	紫叶千鸟花、美人蕉、花叶玉簪、荷兰菊	非洲万寿菊
灌木品种	海桐球、红枫、红花檵木球、银姬小蜡球、亮晶女贞球	欧洲荚蒾木球	南天竹、彩叶杞柳、喷雪花、水果蓝球	水果蓝球

锦绣大道

北

广西路

花境植物材料

序号	细目	项目		分项内容	单位	数量	备注
1	锦绣大道与广西路交口	绿化	花灌木球类	海桐球	株	2	规格：P120
				红枫	株	5	规格：D 10cm
				红花檵木球	株	7	规格：P150
				欧洲荚蒾球	株	5	规格：P120
				彩叶杞柳	株	6	规格：P120
				喷雪花	株	3	规格：P100
				南天竹	株	4	规格：P100
				水果蓝球	株	3	规格：P100
				银姬小蜡球	株	2	规格：P120
				亮金女贞球	株	3	规格：P100
			宿根花卉	花叶玉簪	m²	2.8	49株/m²
				'红巨人'朱蕉	m²	8.6	36株/m²
				萼距花	m²	11.4	64株/m²
				五色梅	m²	21.2	64株/m²
				非洲万寿菊	m²	7.2	64株/m²
				美人蕉	m²	6	25株/m²
				黄金菊	m²	1.5	36株/m²
				荷兰菊	m²	6.4	64株/m²
				朝雾草	m²	16.2	16株/m²
				西伯利亚鸢尾	m²	2.8	49株/m²
				百子莲	m²	4	36株/m²
				紫娇花	m²	1.4	64株/m²
				一叶兰	m²	3.7	16株/m²
				大吴风草	m²	2.6	49株/m²
				八宝景天	m²	7	64株/m²
				紫叶千鸟花	m²	29	49株/m²
				园艺八仙花	m²	6.4	25株/m²
				金叶石菖蒲	m²	1	64株/m²
				美女樱	m²	8.7	49株/m²
			时令花卉	超级海棠、黄色孔雀草、紫色矮牵牛、一串红、鸡冠花、角堇、紫罗兰、雏菊等	m²	480	四季更换的总量（一年更换5次）
			草坪	果岭草	m²	115	满铺草坪卷、观赏草坪（百慕大+黑麦草，百慕大打底，黑麦草每年9月播草籽，30g/m²）
2		园建		山水云景绿雕	组	1	长：18m，宽：2.8m，高：5.5m，一年更换五色草2次
				文字标牌设计	组	1	垂直绿化
				摩奇覆盖物	m²	122	
3		灯饰亮化		草坪灯、射灯、灯带	项	1	
4		喷滴灌及控制系统			项	1	
5		合计		/			